职业院校机电设备安装与维修专业规划教材

交直流调速

主　　编　周祥萍
副 主 编　孙士英　崔凤娟　陈　鹏
参　　编　任　华　高海林　陈思思　李淑珍
　　　　　王　钟　张利锴
企业专家　刘永新
主　　审　李德信

机械工业出版社

本书采用任务驱动模式，根据企业生产实际设置了9个学习任务。对每一个学习任务均按照明确工作任务、学习相关知识、制订工作计划、任务实施和总结与评价5个环节进行系统讲解，让学生能够围绕引导问题主动思考，多动脑筋，多动手，实现理论与实践的零对接。本书主要内容包括：单相可控整流电路的安装与调试、三相可控整流电路的安装与调试、逆变电路的安装与调试、龙门刨床主轴直流调速系统的维修与调试、龙门铣床单闭环直流调速系统的维修与调试、煤矿副提绞车双闭环直流调速系统的维修与调试、选煤厂旋流器介质泵的变频调速、煤矿主提绞车变频调速的运行与检修、龙门刨床多段变频调速的运行与检修。

本书可作为技工学校、技师学院、职业院校机电设备安装与维修专业高技能型人才培养的教学用书，也可供相关人员参考和使用。

图书在版编目（CIP）数据

交直流调速/周祥萍主编. —北京：机械工业出版社，2015.3（2021.9重印）
职业院校机电设备安装与维修专业规划教材
ISBN 978-7-111-49465-2

Ⅰ.①交… Ⅱ.①周… Ⅲ.①交流调速－高等职业教育－教材②直流调速－高等职业教育－教材 Ⅳ.①TM921.5

中国版本图书馆 CIP 数据核字（2015）第 038469 号

机械工业出版社（北京市百万庄大街22号 邮政编码100037）
策划编辑：陈玉芝 责任编辑：陈玉芝 王振国
版式设计：赵颖喆 责任校对：陈越
封面设计：张静 责任印制：邵敏
北京富资园科技发展有限公司印刷
2021年9月第1版第2次印刷
184mm×260mm·13 印张·318 千字
2001—2150 册
标准书号：ISBN 978-7-111-49465-2
定价：39.90 元

电话服务　　　　　　　　网络服务
客服电话：010-88361066　机　工　官　网：www.cmpbook.com
　　　　　010-88379833　机　工　官　博：weibo.com/cmp1952
　　　　　010-68326294　金　书　网：www.golden-book.com
封底无防伪标均为盗版　机工教育服务网：www.cmpedu.com

编审委员会

前　言

按照国家职业教育改革精神，本教材在编写过程中突破了以往教材的编写结构，以工作任务为载体，以工作任务为导向，采用项目的教学方法，着力提升学生的综合素质，但又兼顾教材的严谨性和知识体系的完整性。

本书将液压与气动控制系统安装与检修所涉及的知识和技能加以认真梳理，使其融入各个工作任务中，通过完成工作任务，学习相关知识，练习各项技能，实现学生能力的培养。书中通过问题引导学生主动思考，自主学习，通过任务实施练习技能，实现教学实践与岗位工作的零对接。全书内容丰富，深入浅出，结构严谨、清晰，突出了教学的可操作性。具体创新点如下：

1. 在内容编排上以任务为载体编写，教材中将每个任务按照完成任务的过程分解为多个教学活动，在每一个教学活动中赋予相应的知识和技能，通过完成工作任务，展开相关知识的学习与技能训练，逐渐培养学生的职业能力，还切合实际地增设了知识拓展模拟。在每一个教学活动中设立学习与评价、课后思考等环节。

2. 引导问题一是由浅到深逐渐提出，让学生能积极去思考问题、分析问题和解决问题。在降低学习难度的同时，提高学生的学习兴趣；二是覆盖面广，通过问题引导学习，使学生掌握相关知识，指导完成任务。

3. 体现以技能训练为主线、相关知识为支撑的编写思路，这样不仅较好地处理了理论教学与技能训练的关系，还有利于帮助学生学会知识、掌握技能、提高能力。

4. 突出教材的先进性，较多地编入新技术、新设备、新材料、新工艺的内容，缩短学校教育与企业需要的距离。

本书的主要内容包括9个任务：单相可控整流电路的安装与调试、三相可控整流电路的安装与调试、逆变电路的安装与调试、龙门刨床主轴直流调速系统的维修与调试、龙门铣床单闭环直流调速系统的维修与调试、煤矿副提绞车双闭环直流调速系统的维修与调试、选煤厂旋流器介质泵的变频调速、煤矿主提绞车变频调速的运行与检修、龙门刨床多段变频调速的运行与检修。

由于编者水平有限，书中难免有不足之处，恳请读者批评指正，并对本书提出宝贵的意见和建议！

编　者

目 录

单相可控整流电路的安装与调试

子任务一　单相半波可控整流调光灯电路的安装与调试

 学习目标:

1. 能掌握晶闸管的结构、符号并判断晶闸管的好坏。
2. 能掌握晶闸管的导通、关断条件，能掌握晶闸管的过电压和过电流的保护方法。
3. 能够检测单结晶体管，能够正确分析单结晶体管触发电路工作原理。
4. 能掌握晶闸管单相半波可控整流电路的工作原理。
5. 能正确连接并调试单相半波可控整流电路。
6. 能对调试过程中出现的故障进行检修排除。

 情景描述

可控整流电路在我们的日常生活和企业生产中都有广泛的应用，如家庭照明、大剧院或建筑照明设施、各种电加热装置（烘干炉）直流电动机调速等。最简单的可控整流电路是单相半波可控整流电路。

学习活动1　明确工作任务

可控整流电路中的主要器件是晶闸管，本任务通过单相可控整流调光灯电路的安装与调试，学习掌握晶闸管的结构、导通条件、保护及检测；触发电路的组成及工作原理；单相半波可控整流电路的组成及工作原理等。

学习活动2　学习相关知识

一、晶闸管的结构、符号及检测

（一）引导问题

1. 晶闸管又叫什么？它是由什么材料制成的？其内部结构怎样？
2. 晶闸管有几个引脚？分别叫什么？晶闸管用什么符号表示？
3. 如何检测晶闸管的引脚？

4. 如何判断晶闸管的好坏？

（二）咨询资料

1. 认识晶闸管

晶闸管俗称可控硅，是一种由硅单晶材料制成的大功率半导体器件。它有三个引脚，分别为：阳极（A）、阴极（K）、门极（G）。其管芯由四层半导体材料组成，具有三个 PN 结，符号、内部结构及实物如图1-1所示。

2. 晶闸管的简单测试

（1）晶闸管极性的判断　在实际的使用过程中，首先需要对晶闸管的极性和好坏进行简单的判断，我们常用万用表进行判别。

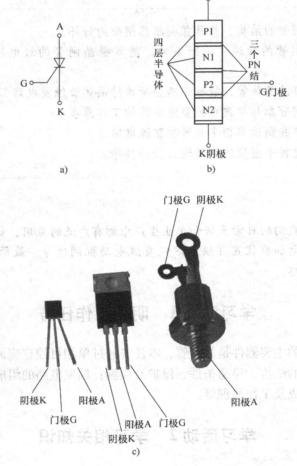

图1-1　晶闸管

a）符号　b）内部结构　c）实物

利用万用表通过测试其正、反向电阻来判断极性。

如果测得其中两个电极间阻值较小（正向电阻），而交换表笔测得阻值较大（反向电阻），那么，以阻值较小的为准，黑表笔所接的就是门极 G，而红表笔所接的就是阴极 K，剩下的电极便是阳极 A。在测试中，如果测得的正反向电阻都很大时，应调换引脚再进行测试，直到找到正反向电阻值一大一小的两个电极为止。

阳极与阴极之间的正反向阻值均为无穷大。其原因是：晶闸管是四层三端半导体器件，在阳极和阴极之间有三个 PN 结，无论加何种电压，至少有一个 PN 结处于反向阻断状态，因此正反向阻值均为无穷大。

门极与阴极之间的正反向阻值均不大。其原因是：在晶闸管内部，门极与阴极之间反并联了一只二极管，对加到门极与阴极之间的反向电压进行限幅，防止晶闸管门极与阴极之间的 PN 结反向击穿。

（2）晶闸管好坏的判断　如果测得阳极 A 与门极 G，阳极 A 与阴极 K 间正、反向电阻均很大，而门极 G 与阴极 K 间正、反向电阻有差别，说明晶闸管质量良好，否则，晶闸管不能使用。

（三）技能训练

1. 晶闸管极性的判断

根据阳极与阴极之间正反向阻值均为无穷大，门极与阴极之间正向电阻较小，反向电阻较大的原理通过测试判断晶闸管极性。

2. 晶闸管好坏的判断

用万用表 $R \times 2k$ 电阻档测量两只晶闸管的阳极（A）与阴极（K）之间、门极（G）与阳极（A）之间、门极（G）与阴极（K）之间的正、反向电阻，将所测得数据填入表 1-1，并鉴别被测晶闸管好坏。

表 1-1　晶闸管好坏的判断

被测晶闸管的电阻	R_{AK}/Ω	R_{KA}/Ω	R_{AG}/Ω	R_{GA}/Ω	R_{GK}/Ω	R_{KG}/Ω
VT1						
VT2						

（四）评价标准

评价内容	分值	评分		
		自我评价	小组评价	教师评价
能正确使用万用表	20			
能掌握晶闸管的结构和符号	20			
能判断晶闸管的好坏	20			
安全意识	10			
团结协作	10			
自主学习能力	10			
语言表达能力	10			
合计				

二、晶闸管导通与关断的条件

（一）引导问题

1. 晶闸管的导通条件是什么？
2. 什么是晶闸管正向阻断状态？
3. 什么是晶闸管反向阻断状态？
4. 晶闸管具有哪些特性？
5. 晶闸管关断的条件是什么？

（二）咨询资料

我们把加在晶闸管阳极和阴极之间的电压称为阳极电压 U_A，流过晶闸管阳极的电流称为阳极电流 I_A，加在晶闸管门极与阴极之间的电压称为门极触发电压 U_G，流过晶闸管门极的电流称为门极触发电流 I_G。

通过实验我们可以得出以下结论：

1）当晶闸管承受反向阳极电压时，无论门极是否有正向触发电压或者承受反向电压，晶闸管均不导通，只有很小的反向漏电流流过晶闸管，这种状态称为反向阻断状态。

2）当晶闸管承受正向阳极电压时，门极加上反向电压或者不加电压，晶闸管不导通，这种状态称为正向阻断状态。这是二极管所不具备的。

3）当晶闸管承受正向阳极电压时，门极加上正向触发电压，晶闸管导通，这种状态称为正向导通状态，这就是晶闸管闸流特性，即可控特性。

4）晶闸管一旦导通后维持阳极电压不变，撤除触发电压，晶闸管依然处于导通状态，即门极对晶闸管不再具有控制作用。

晶闸管的工作特性如下：

（1）晶闸管的导电特点

1）晶闸管具有单向导电特性。

2）晶闸管的导通是通过门极控制的。

（2）晶闸管导通的条件

1）阳极与阴极间加正向电压。

2）门极与阴极间加正向触发电压。

以上两个条件，必须同时满足，晶闸管才能导通。

（3）导通后的晶闸管关断的条件

1）降低阳极与阴极间的电压，使通过晶闸管的电流小于维持电流 I_H。

2）阳极与阴极间的电压减小为零。

3）将阳极与阴极间加反向电压。

只要具备其中一个条件就可使导通的晶闸管关断。

（4）"可控"的含义

1）晶闸管的导通是受门极控制的。

2）导通的晶闸管关断是受阳极与阴极间电压控制的。

（5）晶闸管可实现弱电对强电的控制　由于门极所需的电压、电流比较低（电路只有几十至几百毫安），而阳极 A 与阴极 K 可承受很大的电压，通过很大的电流（电流可大到几百安培以上），因此，晶闸管可实现弱电对强电的控制。

（三）技能训练

按图1-2接线，完成晶闸管导通条件实验，并将结果填入表1-2中。

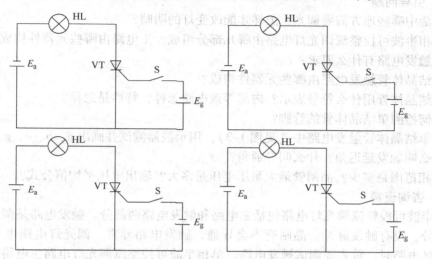

图1-2 晶闸管的导通条件实验电路

表1-2 晶闸管的导通条件实验结果

序号	阳极 A	阴极 K	门极 G	灯泡状态	晶闸管状态
1	正	负	开路		
2	正	负	负电压		
3	正	负	正电压		
4	负	正	开路		
5	负	正	负电压		
6	负	正	正电压		

（四）评价标准

评价内容	分值	评分		
		自我评价	小组评价	教师评价
能掌握晶闸管的导通条件	20			
能掌握晶闸管的关断条件	20			
能正确完成晶闸管的导通条件实验	20			
安全意识	10			
团结协作	10			
自主学习能力	10			
语言表达能力	10			
合计				

三、单相半波可控整流调光灯电路

（一）引导问题

1. 生活中哪些地方需要调光？怎样才能改变灯的明暗？

2. 单相半波可控整流调光灯电路由哪几部分组成？主电路由哪些元器件构成？

3. 对触发电路有什么要求？

4. 单结晶体管触发电路由哪些元器件构成？

5. 单结晶体管用什么符号表示？内部等效电路怎样？特性是怎样？

6. 如何检测单结晶体管的管脚？

7. 在单结晶体管触发电路中（见图1-3），用示波器测试并画出 a、b、c、g 各点波形。

8. 什么叫触发延迟角？什么叫导通角？

9. 移相范围是多少？晶闸管最大耐压电压是多大？输出电压平均值公式？

（二）咨询资料

单相半波可控整流调光灯电路包括主电路和触发电路两部分。触发电路是调光灯电路中的重要部分，没有触发脉冲，晶闸管不会导通，触发电路异常，调光灯电路也不会正常工作。在调试电路时，首先要调试触发电路。单相半波可控整流调光灯电路主电路由一只晶闸管和一只灯泡组成。单相半波可控整流调光灯电路如图1-3所示。

1. 晶闸管触发电路

（1）触发电路　为晶闸管提供触发信号的电路。

（2）对触发电路的要求

1）与主电路同步（触发信号与电源保持固定的相位关系）。

2）能平稳移相，且有足够的移相范围。

3）脉冲前沿陡，且有足够的幅值与脉宽。

4）稳定性与抗扰性能好。

（3）触发电路的分类　单结晶体管触发电路和集成触发电路。

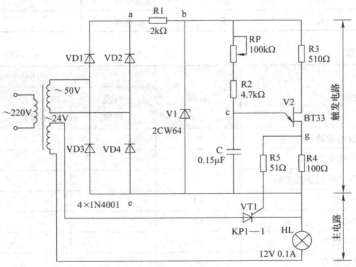

图1-3　单相半波可控整流调光灯电路

2. 单结晶体管

单结晶体管内部有一个 PN 结，所以称为单结晶体管；有三个电极，分别是发射极和两个基极，所以又叫双基极二极管。单结晶体管管脚识别可以管子上的突起为标识，顺时针依次为 E、B1、B2 极。实物、内部等效电路和符号如图 1-4 所示。

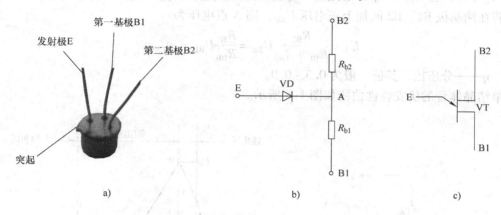

图 1-4　单结晶体管
a）实物　b）内部等效电路　c）符号

单结晶体管的型号有 BT31、BT33、BT35 等，其中"B"表示半导体，"T"表示特种管，"3"表示 3 个电极，第四个数字表示耗散功率分别为 100mW、300mW、500mW。

3. 单结晶体管的检测

对单结晶体管进行简易检测，主要就是鉴别管型、区分电极、判别质量好坏。

单结晶体管从外形上与晶体管很相似，若其标识脱落后，仅根据外形很难区别，这时只能从其特殊结构上加以区分，具体方法是：将万用表置于 $R \times 1k$ 档，依次检测晶体管任意两个电极的正、反向电阻值，若某两个电极间的正、反向电阻值相等，且阻值在 3～10kΩ 范围内，基本上可断定该管为单结晶体管，而该两极分别为 B1 及 B2。若测得某两极之间的电阻值与上述正常值相差较大时，则说明该晶体管已损坏。还可按晶体管的检测方法，判断一下该管有无放大能力，若没有放大能力，即可断定该管为单结晶体管。

识别单结晶体管的 E 极、B1 极、B2 极的方法是：首先，按上述方法判别出单结晶体管的两个基极 B1、B2，显然，剩下的一个电极应是发射极 E。然后根据发射极 E 和每个基极之间是一个 PN 结，其正、反向电阻值应有明显差别的特点，可进一步断定该极为发射极。必须注意此时测出的 PN 结正、反向电阻，都含有 N 型硅基片的部分体电阻，因而阻值比一般硅二极管的阻值要大一些。其正向阻值为几百欧至几千欧，反向电阻为 ∞。

在单结晶体管的制造过程中，一般使发射极 E 靠近基极 B2，而远离基极 B1。因而 E 至 B2 的正向电阻小于 E 至 B1 的正向电阻，根据这一点可区别开基极 B1、B2。应当指出的是，用此方法识别 B1、B2，不是对所有单结晶体管都成立，有个别单结晶体管的 E－B1 间的正向电阻值较小。不过准确地识别 B1、B2 在实际应用中并不怎么重要。这是因为在实际应用中，即使 B1、B2 用颠倒了，也不会损坏单结晶体管，只会影响输出的脉冲幅度（作为脉冲发生器使用时）。当发现输出幅度较小时，只要将原来假定的 B1、B2 对调过来即可。

4. 单结晶体管的伏安特性

单结晶体管的等效电路如图 1-5 所示。

E 与 B1 之间为一个 PN 结，相当于一只二极管。R_{B1} 表示 B1 与 E 之间的电阻，R_{B2} 表示 B2 与 E 之间的电阻。在正常工作时，R_{B1} 随发射极电流 I_E 的变化而变化，I_E 增大，R_{B1} 减小。R_{B2} 与 I_E 无关，且 $R_{B1} > R_{B2}$。两基极 B1 与 B2 之间的电阻 $R_{BB} = R_{B1} + R_{B2}$。

若在两基极 B1、B2 间加上正电压 U_{BB}，则 A 点电压为

$$U_A = \frac{R_{B1}}{R_{B1} + R_{B2}} U_{BB} = \frac{R_{B1}}{R_{BB}} U_{BB} = \eta U_{BB}$$

式中　η——分压比，其值一般为 0.3～0.9。

单结晶体管的伏安特性曲线如图 1-6 所示。

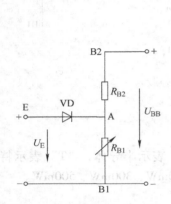

图 1-5　单结晶体管的等效电路

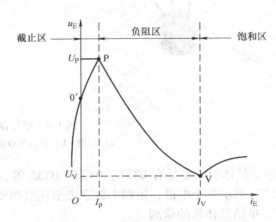

图 1-6　单结晶体管的伏安特性曲线

如图 1-5 所示，当 $u_E < U_A$ 时，PN 结反向截止，单结晶体管截止。对应曲线中 P 点以前的区域称为截止区。

当 $u_E \geqslant U_A$ 时，PN 结正向导通，i_E 显著增加，R_{B1} 迅速减小，u_E 相应下降。电压随电流增加反而下降的特性，称为"负阻特性"。单结晶体管由截止区进入负阻区的临界点 P 称为"峰点"，与其对应的发射极电压和电流称为峰点电压 U_P 和峰点电流 I_P，其中，U_D 为二极管正向压降（约为 0.7V）。

$$U_P = \eta U_{BB} + U_D$$

随着 i_E 上升，u_E 下降，当降到 V 点后，u_E 不再降了，V 点称为"谷点"，与其对应的发射极电压和电流，分别称为谷点电压 U_V 和谷点电流 I_V。过了 V 点后，单结晶体管又恢复正阻特性。即 u_E 随 i_E 增加而缓慢地上升但变化很小，所以谷点右边的区域称为饱和区。显然 U_V 是维持单结晶体管导通的最小发射极电压，如果 $u_E < U_V$，单结晶体管重新截止。

综上所述，单结晶体管具有如下特点：当发射极电压等于峰点电压 U_P 时，单结晶体管导通。导通后，发射极电压 u_E 减小，当发射极电压 u_E 减小到谷点电压 U_V 时，单结晶体管又由导通变为截止。一般单结晶体管的谷点电压为 2～5V。

5. 触发电路的工作原理

交流电经四个二极管进行桥式整流，在图 1-3 中的 a 点得到如图 1-7 所示桥式整流后脉动电压波形 u_a。

再经稳压二极管的稳压，在稳压二极管 b 端得到如图 1-7 所示的削波后梯形波 u_b，此梯形波电压和交流电压同步。该同步电压作为电源又通过 RP、R2 向电容 C 充电。

由于电容每半个周期在电源电压过零点从零开始充电，电容的端电压 u_C 按指数规律上升。单结晶体管的发射极电压等于电容两端的电压 u_C。当 u_C 小于峰点电压 U_P 时，单结晶体管处于截止状态，输出 $u_g = 0$，当 u_C 上升到等于峰点电压 U_P 时，单结晶体管由截止变为导通，其电阻 R_{B1} 急剧减小，于是电容 C 经单结晶体管的发射极 E→B1→R4 迅速放电，在 c 点得到如图 1-7 所示电容电压波形。

放电电流在 R4 上转变为尖脉冲电压 u_g，如图 1-7 所示输出脉冲波形。

当 u_C 下降到单结晶体管谷点电压 U_V 以下时，单结晶体管截止。截止以后，电源再次经 RP、R2 向电容 C 充电，重复上述过程。于是在电阻 R4 上得到一个又一个的脉冲电压 U_g 的波形，如图 1-7 所示。

由于每半个周期内，第一个脉冲将使晶闸管触发，后面的脉冲均无作用，因此，只要改变每半个周期内的第一个脉冲产生的时间。通过调节电位器 RP，改变了电容的充放电时间（$\tau = RC$），也就改变了脉冲送出的时间，若电容 C 充电较快，u_C 很快达到 U_P，第一个脉冲输出的时间就提前。在实际应用中，通过改变 RP 的大小可改变触发延迟角的大小，从而达到触发脉冲移相的目的。

电阻 R3 是用来补偿温度对峰值电压 U_P 的影响，通常取值范围为 $200 \sim 600\Omega$。输出电阻 R4 的大小影响输出脉冲的宽度与幅值，通常取值范围为 $50 \sim 100\Omega$。电容 C 的大小与脉冲宽窄和 R4 的大小有关，通常取值范围为 $0.1 \sim 1\mu F$。

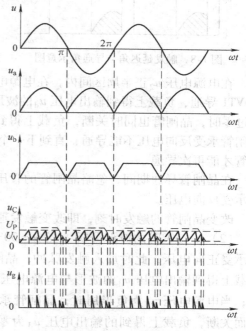

图 1-7　触发电路各点波形

6. 触发延迟角和导通角

在单相整流电路中，把晶闸管从承受正向阳极电压起到受触发脉冲触发而导通之间的电角度 α 称为触发延迟角。晶闸管在一个周期内导通时间对应的电角度用 θ 表示，称为导通角，且 $\theta = \pi - \alpha$，如图 1-8 所示。

7. 单相半波可控整流调光灯电路工作原理分析

单相半波可控整流调光灯电路实际上就是负载为阻性的单相半波可控整流电路，通过对电路的输出波形 u_d 和晶闸管两端电压 u_{VT} 波形的分析来判断电路工作是否正常，是调试及维修过程中非常重要的方法。现在假设触发电路正常工作，对电路工作情况进行分析。

当电源接通后，便可在负载两端得到脉动的直流电压，其输出电压的波形可以用示波器进行测量，分析如下：

（1）$\alpha = 0°$ 时的波形分析　图 1-9 所示为 $\alpha = 0°$ 时负载两端的理论波形。

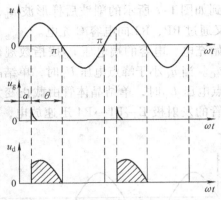

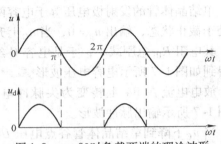

图 1-8　触发延迟角与导通角示意图　　　　图 1-9　α=0°时负载两端的理论波形

在电源电压 u_2 正半周区间内，在电源电压的过零点，即 α=0°时刻加入触发脉冲，晶闸管 VT1 导通，负载上得到的输出电压 u_d 的波形是与电源电压 u_2 相同形状的波形；当电源电压 u_2 过零时，晶闸管也同时关断，负载上得到的输出电压 u_d 为零；在电源电压 u_2 负半周内，晶闸管承受反向电压不能导通，直到下一个周期 α=0°时，触发电路再次加入触发脉冲，晶闸管才能再次导通。

在晶闸管导通期间，忽略晶闸管的管压降，即 $U_{VT1}=0V$，在晶闸管截止期间，晶闸管将承受反向电压。

改变晶闸管的触发时刻，即改变触发延迟角 α 的大小即可以改变输出电压的波形。

（2）α=30°时的波形分析　当 α=30°时，晶闸管承受正向电压，此时加入触发脉冲，晶闸管导通，负载上得到输出电压 u_d 的波形与电源电压 u_2 波形相同；当电源电压 u_2 为负半周时，晶闸管承受反向电压而关断，负载上得到的输出电压 u_d 为零；从电源电压过零点到 α=30°之前的区间内，虽然晶闸管已经承受正向电压，但由于没有触发脉冲，晶闸管依然处于截止状态。

（3）不同触发延迟角 α 下的电路工作波形分析

继续改变触发脉冲的加入时刻，可以分别得到触发延迟角 α=60°、90°、120°、150°、180°时输出电压 u_d 的波形如图 1-10 所示。

由以上的分析和测试可以得出：

1）在单相半波整流电路中，改变 α 大小即改变触发脉冲在每周期内出现的时刻，u_d 和 i_d 的波形也随之改变，但是直流输出电压瞬时值 u_d 的极性不变，其波形只在 u_2 的正半周出现，这种通过对触发脉冲的控制来实现改变直流输出电压大小的控制方式称为相位控制方式，简称相控方式。

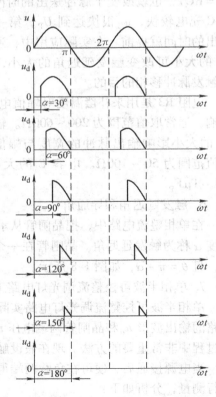

图 1-10　不同触发延迟角 α 时输出电压波形

2）理论上移相范围 0°~180°。在本课题中若要

实现移相范围达到 $0° \sim 180°$，则需要改进触发电路以扩大移相范围。

3）计算公式见表1-3。

表1-3　计算公式

输出电压平均值	$U_\mathrm{d} = 0.45 U_2 \dfrac{1 + \cos\alpha}{2}$
负载电流平均值	$I_\mathrm{d} = 0.45 \dfrac{U_2}{R_\mathrm{d}} \dfrac{1 + \cos\alpha}{2}$
负载电流有效值	$I = \dfrac{U_2}{R_\mathrm{d}} \sqrt{\dfrac{1}{4\pi} \sin 2\alpha + \dfrac{\pi - \alpha}{2\pi}}$
晶闸管最大耐压电压	$U_\mathrm{TM} = \sqrt{2} U_2$

（三）技能训练

1．检测单结晶体管

鉴别单结晶体管电极、判别其质量的好坏。

2．测试单结晶体管触发电路

1）打开示波器的电压，选择输入通道模式（MODE）为"CH1"，显示方式为直流 DC 显示，适当地调节辉度、聚焦等旋钮，使扫描线位于屏幕有效的工作区域内。将示波器探头的测试端接于 a 点，接地端接于 e 点，调节"扫描时间"和"垂直衰减"旋钮，使示波器稳定显示至少一个周期的完整波形。

2）将示波器探头的测试端接于 b 点，接地端接于 e 点，该点波形是经稳压二极管削波后得到的梯形波。

3）将示波器探头的测试端接于 c 点，接地端接于 e 点，调节电位器 RP 的旋钮，观察 c 点的波形变化范围。

4）将示波器探头的测试端接于 g 点，接地端接于 e 点，调节电位器 RP 的旋钮，观察 g 点的波形变化。

（四）评价标准

评价内容	分值	评分		
		自我评价	小组评价	教师评价
能够正确分析单结晶体管触发电路的工作原理	20			
能掌握晶闸管单相半波可控整流调光灯电路的工作原理	20			
能正确使用示波器测试触发电路各点波形	20			
安全意识	10			
团结协作	10			
自主学习能力	10			
语言表达能力	10			
合计				

◆ 知识拓展

一、变流技术

电子技术包括信息电子技术和电力电子技术。信息电子技术又包括模拟电子技术和数字电子技术，是对电子信号进行处理的技术。其处理方式主要有：信号的发生、放大、滤波、转换。电力电子技术是一门新兴的应用于电力领域的电子技术，就是使用电力电子器件对电能进行变换和控制的技术，包括电力电子器件制造技术和变流技术。电力电子器件制造技术是电力电子技术的基础，变流技术则是电力电子技术的核心。

变流技术是一种电力变换的技术，变流技术主要包括：用电力电子器件构成各种电力变换的电路，对电路进行控制。电力变换的种类见表1-4。

表1-4 电力变换的种类

输出 ＼ 输入	交流（AC）	直流（DC）
直流（DC）	整流	直流斩波
交流（AC）	交流电力控制变频、变相	逆变

例如，我们常见的充电器，就使用了交流电变直流电的变流技术。

二、电力电子技术的发展过程

一般认为，电力电子技术的诞生是以1957年美国通用电气公司研制出第一个晶闸管为标志的。

1. 电子管、整流器及晶体管的出现

晶闸管出现前的时期可称为电力电子技术的史前期或黎明期。

1904年出现了电子管，它能在真空中对电子流进行控制，并应用于通信和无线电，从而开启了电子技术用于电力领域的先河。

20世纪30年代到50年代，水银整流器广泛用于电化学工业、电气铁道直流变电所以及轧钢用直流电动机的传动，甚至用于直流输电。这一时期，各种整流电路、逆变电路、周波变流电路的理论已经发展成熟并广为应用。在这一时期，也应用直流发电动机组来变流。

1947年美国著名的贝尔试验室发明了晶体管，引发了电子技术的一场革命。

2. 晶闸管时代

晶闸管由于其优越的电气性能和控制性能，很快就取代了水银整流器和旋转变流机组，并且其应用范围也迅速扩大。电力电子技术的概念和基础就是由于晶闸管及晶闸管变流技术的发展而确立的。

晶闸管是通过对门极的控制能够使其导通而不能使其关断的器件，属于半控型器件。对晶闸管电路的控制方式主要是相位控制方式，简称相控方式。晶闸管的关断通常依靠电网电压等外部条件来实现。这就使得晶闸管的应用受到了很大的局限。

3. 全控型器件和电力电子集成电路（PIC）

20世纪70年代后期，以门极关断（GTO）晶闸管、电力双极型晶体管（BJT）和电力场效应晶体管（Power‑MOSFET）为代表的全控型器件迅速发展。全控型器件的特点是，通过对门极（基极、栅极）的控制既可使其开通又可使其关断。

采用全控型器件的电路的主要控制方式为脉冲宽度调制（PWM）方式。相对于相位控制方式，可称为斩波控制方式，简称斩控方式。

在 20 世纪 80 年代后期，以绝缘栅双极型晶体管（IGBT）为代表的复合型器件异军突起。它是 MOSFET 和 BJT 的复合，综合了两者的优点。与此相对，MOS 控制晶闸管（MCT）和集成门极换相晶闸管（IGCT）复合了 MOSFET 和 GTO，把驱动、控制、保护电路和电力电子器件集成在一起，构成电力电子集成电路（PIC），这代表了电力电子技术发展的一个重要方向。电力电子集成技术包括以 PIC 为代表的单片集成技术、混合集成技术以及系统集成技术。

随着全控型电力电子器件的不断进步，电力电子电路的工作频率也不断提高。与此同时，软开关技术的应用在理论上可以使电力电子器件的开关损耗降为零，从而提高了电力电子装置的功率密度。

电力电子技术发展史如图 1-11 所示。

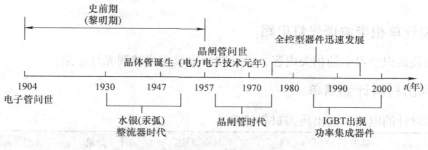

图 1-11　电力电子技术发展史

三、电力电子技术的应用

1. 可控整流

把不变的交流电压变换成可调的直流电压。例如，直流电动机的调压调速、电镀、电解电源均可采用可控整流电源供电。

2. 有源逆变

把直流电变换成与交流电网同频率的交流电，并将交流电能回馈给交流电网。例如，目前世界许多国家正在迅速发展的高压直流输电工程，即将三相高压交流电先变换成高压直流电，再进行远距离或海底输电，输送到目的地后再利用晶闸管有源逆变技术变换成与当地电网同频率的交流电。又如，绕线转子异步电动机的串级调速，不仅可实现无级调速，而且还可节约大量电能。

3. 交流调压

把不变的交流电压变换成电压有效值可调的交流电压。例如，用于灯光控制、温度控制以及交流电动机的调压调速就是利用交流调压技术。

4. 逆变器（变频器）

把电网的交流电变换成频率和幅度均可调的交流电供给负载，通常是先将电网的交流电变换成直流电（可控或不可控），然后再变换成电压、频率均可调的交流电。例如，晶闸管中频电源、不间断电源、异步电动机变频调速等。

5. 直流斩波

把固定的直流电压变换成可调的直流电压。例如，由直流架空线供电的城市电车斩波调速、电力机车、地铁牵引直流电动机斩波调速等。它与以往串电阻调速相比，不仅控制方便而且节省电能。

6. 无触点功率静态开关

用晶闸管取代接触器、继电器用于操作频繁的场合。例如，用在电动机频繁地正反转、防爆防火等场合。

电力电子技术的应用范围十分广泛。它不仅用于一般工业，也广泛用于交通运输、电力系统、通信系统、计算机系统、新能源系统等，在照明、空调等家用电器及其他领域中也有着广泛的应用。

学习活动3　制订工作计划

一、设计单相半波调光灯电路

根据相关知识学习中的相关内容，设计并画出单相半波调光灯电路。

二、列出材料计划清单

根据你设计的电路，列出所需材料清单。

序号	名称	规格型号	数量	备注

学习活动4　任务实施

一、安全技术措施

1）安装前，必须做好各项准备工作，检查各工具、仪器是否完好。

2）所有人员必须听从指导教师和小组项目负责人的统一指挥，不得私自操作。

3）严格按照技术规范进行安装。

4）通电前，安全负责人要认真检查线路，并在指导教师允许后，方可通电。

5）安装调试结束后，质量验收负责人要向指导教师汇报安装调试结果，并整理操作台。

二、工艺要求

1）元器件布置要合理，便于连接线路。

2）电路连线工艺要美观，走线横平竖直，尽量减少跨线。

3）焊接工艺要求焊点合格，防止出现虚焊、假焊现象。

三、技术规范

1）采用 AC 220V 电压供电。

2）调试前应将电位器调到最大值，调光电路开关打开后，灯光开始较暗通过调节后变亮，关灯时灯光应调回到最暗状态。

四、任务实施

1）对电路中使用的元器件进行检测与筛选。

2）按照原理图在实训台上连接电路。在实训台上找到图 1-12 和图 1-13 所示的几个电路模块并进行连线。

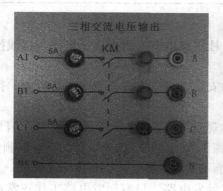
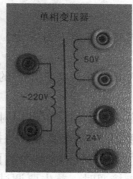

图 1-12　三相交流电源及单相变压器

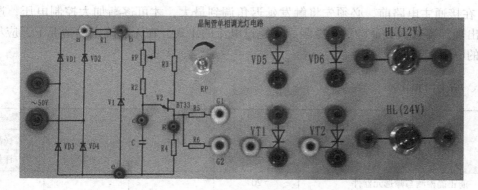

图 1-13　单结晶体管触发电路

3）线路检查。通电调试前一定要认真检查线路，确认无误并经教师允许后方可通电。

4）通电调试。接通电源，调节电位器，看电路是否正常工作，用示波器观察各点波形是否正确，调节电位器 RP，用示波器观察负载电压 u_d 波形，测量并记录 $\alpha = 30°$、$60°$、$90°$、$120°$、$150°$ 时 u_d 值，计算 $\alpha = 30°$、$60°$、$90°$、$120°$、$150°$ 时 u_d 值，填入下表。比较测量值与理论计算值误差大小。

α	30°	60°	90°	120°	150°
u_2					
u_d（记录值）					
u_d（计算值）					

5）对调试过程中出现的故障进行排除。

故障检查修复记录

检修步骤	过程记录
观察到的故障现象	
分析故障现象原因	
确定故障范围，找到故障点	
排除故障	

注意事项：

① 技能实训时必须注意人身安全，杜绝触电事故的发生，接线与拆线操作必须在断电的情况下进行。

② 技能训练时必须注意实训设备的安全，接线完成后必须进行检查，待接线正确之后方可进行实训。

③ 双踪示波器有两个探头，可同时观测两路信号，当需要观察两个信号时，必须在被测电路上找到这两个信号的公共点，将探头的地线接于此处，探头接至被测信号，只有这样才能在示波器上同时观察到两个信号，而不发生意外。

④ 在主电路未接通时，首先要调试触发电路，只有触发电路工作正常后，才可以接通主电路。

⑤ 在接通主电路前，必须先将触发延迟角调到最大，才可逐渐加大控制电压，避免过电流的出现。要选择合适的负载电阻，避免过电流的出现。在无法确定的情况下，应尽可能选用大的电阻值。

五、评价标准

评价内容	分值	评分		
		自我评价	小组评价	教师评价
能正确检测与筛选元器件	20			
能按照电路图正确接线	20			
正常运转无故障	30			
出现故障正常排除	10			
遵守安全文明生产规程	10			
施工完成后认真清理现场	10			
合计				

学习活动 5　总结与评价

表 1-5　综合评价

评价项目	评价内容	评价标准	评价主体		
			自我	同学	教师
职业素养	安全意识责任意识	A 作风严谨、自觉遵守纪律、出色完成任务 B 能够遵守规章制度，较好完成工作任务 C 遵守规章制度，没完成工作任务 D 不遵守规章制度，没完成工作任务			
	学习态度	A 积极参与学习活动，全勤 B 缺勤达到任务总学时的 10% C 缺勤达到任务总学时的 20% D 缺勤达到任务总学时的 30%			
	团队合作	A 与同学协作融洽，团队合作意识强 B 与同学能沟通，协同工作能力较强 C 与同学能沟通，协同工作能力一般 D 与同学沟通困难，协同工作能力较差			
专业能力	学习活动 1明确任务	A 学习活动评价成绩为 90～100 分 B 学习活动评价成绩为 75～89 分 C 学习活动评价成绩为 60～74 分 D 学习活动评价成绩为 0～59 分			
	学习活动 2学习相关知识	A 学习活动评价成绩为 90～100 分 B 学习活动评价成绩为 75～89 分 C 学习活动评价成绩为 60～74 分 D 学习活动评价成绩为 0～59 分			
	学习活动 3制订工作计划	A 学习活动评价成绩为 90～100 分 B 学习活动评价成绩为 75～89 分 C 学习活动评价成绩为 60～74 分 D 学习活动评价成绩为 0～59 分			
	学习活动 4任务实施	A 学习活动评价成绩为 90～100 分 B 学习活动评价成绩为 75～89 分 C 学习活动评价成绩为 60～74 分 D 学习活动评价成绩为 0～59 分			
创新能力		学习过程中提出具有创新性、可行性的建议	加分		
班级		姓名	综合评价等级		

习题

一、填空题

1. 晶闸管又称为（　　），有（　　）个 PN 结。

2. 晶闸管具有（　　）阻断性和（　　）阻断性。

3. 晶闸管是一种由（　　）制成的大功率半导体元器件。

4. 晶闸管三个引出极分别为（　　）、（　　）和（　　）。

5. 晶闸管具有（　　）向导电特性，晶闸管的导通是通过（　　）极控制的。

6. 要关断导通后的晶闸管，应使通过晶闸管的电流（　　）维持电流 I_H。

7. 如果测得晶闸管两个电极间的阻值较小，而交换表笔后测得的阻值较大，那么，以阻值较小的为准，黑表笔所接的就是（　　）极，而红表笔所接的就是（　　）极。

8. 晶闸管阳极与阴极之间的正反相阻值均为（　　）。

9. 在单相整流电路中，把晶闸管从承受正向阳极电压起到受触发脉冲触发而导通之间的电角度称为（　　），晶闸管一个周期内导通时间对应的电角度称为（　　）。

10. 单结晶体管又称为（　　），有（　　）管脚。

11. 国产单结晶体管的型号主要有（　　）、（　　）和（　　）。

12. 单结晶体管的文字符号为（　　）。

13. 单相半波可控整流调光灯电路的移相范围为（　　），晶闸管两端承受的最大电压为（　　）。

14. 晶闸管触发电路要与主电路（　　）。

15. 单相半波可控整流调光灯电路主电路由（　　）只晶闸管和（　　）个灯泡组成。

16. 调节单结晶体管触发电路上的电位器，改变了（　　），也就改变了加在灯泡两端的（　　），进而改变了灯泡的明暗程度。

17. 触发电路分为（　　）和（　　）。

18. 单结晶体管内部有（　　）个 PN 结，所以称为单结晶体管；它有三个电极，分别是发射极和（　　）基极，所以又叫双基极二极管。

二、判断题

（　　）1. 晶闸管是一种既具有开关作用，又具有整流作用的大功率半导体器件。

（　　）2. 晶闸管的正向特性又有阻断状态和导通状态之分。

（　　）3. 普通晶闸管的门极只能控制晶闸管的导通，而不能控制关断。

（　　）4. 当单结晶体管发射极电压等于峰点电压时，单结晶体管导通。

（　　）5. 当单结晶体管发射极电压减小到谷点电压时，单结晶体管截止。

（　　）6. 单结晶体管触发电路中，调节电位器，即改变了电容的充放电时间（$\tau = RC$），也就改变了脉冲送出的时间。

（　　）7. 单相半波可控整流电路移相范围是 0° ~ 180°。

三、选择题

1. 普通晶闸管内部有（　　）PN 结。

A. 一个　　　　　B. 二个　　　　　C. 三个　　　　　D. 四个

2. 晶闸管两端并联一个 RC 电路的作用是（　　）。

A. 分流　　　　　　　B. 降压　　　　　　　C. 过电压保护　　　　D. 过电流保护

3. 晶闸管是一种（　　）结构的半导体器件。

A. 四层三端　　　　　B. 五层三端　　　　　C. 三层二端　　　　　D. 三层三端

4. 单相半波可控整流装置中一共用了（　　）晶闸管。

A. 一只　　　　　　　B. 二只　　　　　　　C. 三只　　　　　　　D. 四只

5. 单相半波可控整流电阻性负载电路中，触发延迟角 α 的最大移相范围是（　　）。

A. $0° \sim 90°$　　　　B. $0° \sim 120°$　　　C. $0° \sim 150°$　　　D. $0° \sim 180°$

6. 在单相半波可控整流调光灯电路中，晶闸管承受的最大正向电压是（　　）。

A. $2.828U_2$　　　　B. $1.414U_2$　　　　C. $2.45U_2$　　　　D. $1.732U_2$

7. 晶闸管可控整流电路中的触发延迟角 α 减小，则输出的电压平均值会（　　）。

A. 不变　　　　　　　B. 增大　　　　　　　C. 减小　　　　　　　D. 不确定

8. 晶闸管可控整流电路中的触发延迟角 α 增大，则输出的电压平均值会（　　）。

A. 不变　　　　　　　B. 增大　　　　　　　C. 减小　　　　　　　D. 不确定

四、简答题

1. 变流技术应用在哪些方面？

2. 晶闸管的导通条件是什么？具有哪些特性？

3. 如何判断晶闸管的极性？

4. 如何判断晶闸管的好坏？

5. 晶闸管关断的条件是什么？

6. 什么叫相位控制方式？

7. 什么叫触发延迟角？什么叫导通角？

8. 简述触发电路的要求。

9. 如图题 1-1 所示电路，简述怎样使用示波器观察单结晶体管触发电路 c 点波形"变化"？

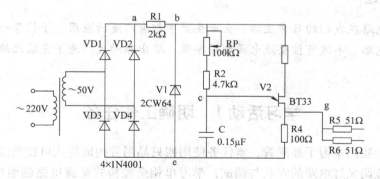

图题 1-1

五、画图题

1. 画出晶闸管的图形符号并标识各引脚。

2. 画出单结晶体管的图形符号并标识各引脚。

3. 如图题 1-2 所示，正确连接单相半波可控整流调光灯电路。

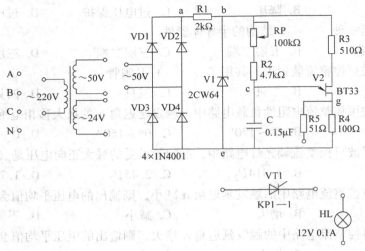

图题 1-2

子任务二 单相全控桥式整流调光灯电路的安装与调试

学习目标：

1. 能掌握单相全控桥式整流调光灯电路的组成及工作原理。
2. 能了解晶体管触发电路的组成及工作原理。
3. 能正确连接并调试单相全控桥式整流调光灯电路。
4. 能对调试过程中出现的故障进行检修排除。

 情景描述

可控整流电路在我们的日常生活和企业生产中都有广泛的应用。子任务一中使用了单相半波可控整流电路。半波可控整流电源利用率低，输出脉动大，为了克服此缺点，通常采用桥式整流电路。

学习活动1 明确工作任务

子任务一中我们学习了晶闸管，本任务使用四只晶闸管构成桥式可控整流电路。通过单相全控桥式整流调光灯电路的安装与调试，学习单相全控桥式整流电路的组成及工作原理，并了解由晶闸管构成的触发电路的组成及工作原理等。

学习活动2 学习相关知识

（一）引导问题

1. 单相半波调光灯电路的缺点是什么？怎样克服？

2. 单相全控桥式整流调光灯电路中整流变压器和同步变压器二次侧分别取的是什么电压？为什么这样取？

3. 电源正半周加触发脉冲时，哪两只晶闸管受触发导通？电流的通路是怎样的？分析并画出 $\alpha = 0°$、30°时的输出电压波形。

4. 电源负半周加触发脉冲时，哪两只晶闸管受触发导通？电流的通路是怎样的？分析并画出 $\alpha = 0°$、30°时的输出电压波形。

5. 移相范围是多少？晶闸管最大耐压电压是多大？输出电压平均值计算公式？

6. 单相全控桥式整流调光灯电路和单相半波整流调光灯电路使用的触发电路有什么不同？

（二）咨询资料

1. 单相全控桥式可控整流调光灯电路

单相半波整流电路电源利用率低，输出脉动大，为了克服此缺点，可采用单相全控桥式整流电路。单相全控桥式可控整流调光灯电路如图 1-14 所示。

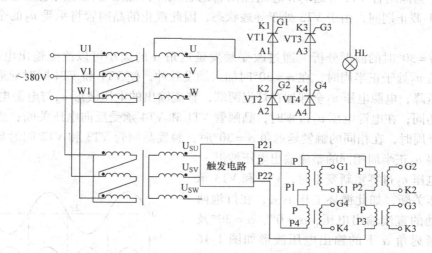

图 1-14　单相全控桥式可控整流调光灯电路

（1）$\alpha = 0°$ 时的波形分析　如图 1-15 所示，在电源电压正半周区间内，a 端处于高电位而 b 端处于低电位，此时晶闸管 VT1 和 VT4 同时承受正向电压，VT3 和 VT2 同时承受负向电压，触发脉冲在电源电压的过零点，即 $\alpha = 0°$ 时刻加入，VT1 和 VT4 同时导通，忽略晶闸管的管压降，电源电压 u_2 全部加在灯泡两端，整流输出的电压波形 u_d 与电源电压 u_2 正半周的波形相同。此时，电路中负载电流的方向如图 1-15a 所示。

u_2 为负半周时，b 端处于高电位而 a 端处于低电位，此时晶闸管 VT3 和 VT2 同时承受正向电压，VT1 和 VT4 同时承受负向电压，触发脉冲在电源电压的过零点时加入，触发晶闸管 VT3 和 VT2 同时导通，VT1 和 VT4 反向截止，忽略晶闸管的管压降，在灯泡两端获得与 u_2 正半周相同的整流输出电压波形。此时，电路中负载电流的方向如图 1-15b 所示。

电源电压 u_2 过零重新变正时，VT1 和 VT4 再次被触发并同时导通，VT3 和 VT2 截止关断，如此循环工作下去，在灯泡两端得到脉动的直流输出电压。

在一个周期内，晶闸管 VT1、VT4 和 VT3、VT2 是交替轮流导通的，以共阴极的两只晶

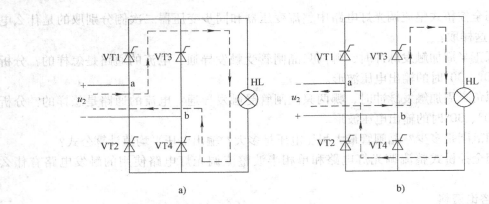

图 1-15　单相全控桥式可控整流调光灯电路中负载电流的方向

a）电源电压正半周时的负载电流方向　b）电源电压负半周时的负载电流方向

闸管为例，当晶闸管 VT1 导通时，忽略晶闸管的管压降，晶闸管两端的电压近似为零；在晶闸管 VT1 截止期间，由于 VT3 处于导通状态，因此截止的晶闸管将承受 u_2 的全部反向电压波形。

（2）$\alpha = 30°$ 时的波形分析　通过改变触发延迟角 α 的大小可以改变输出电压的波形。当电源电压 u_2 处于正半周时，在 $\alpha = 30°$ 时加入触发脉冲，使 VT1 和 VT4 同时导通，忽略晶闸管的管压降，电源电压 u_2 全部加在灯泡两端，整流输出的电压波形 u_d 与电源电压 u_2 正半周的波形相同；在电源电压 u_2 过零时，晶闸管 VT1 和 VT4 承受反向电压关断；当电源电压 u_2 处于负半周时，在相同的触发延迟角 $\alpha = 30°$ 时，触发晶闸管 VT3 和 VT2 同时导通，在灯泡两端获得 u_2 正半周相同的整流输出电压波形。

电源电压 u_2 过零重新变正时，VT2 和 VT3 承受反向电压关断，如此循环工作下去，在灯泡两端得到脉动的直流输出电压，$\alpha = 0°$、$\alpha = 30°$ 及不同触发延迟角 α 下的输出电压波形如图 1-16 所示。

在一个周期内，晶闸管的波形也分为四个部分：在 $0 \sim \omega t_1$ 期间，电源电压 u_2 正半周，触发脉冲尚未加入，VT1 ~ VT4 均处于截止状态，如果共阴极的两只晶闸管 VT1、VT3 的漏电阻相等，则晶闸管 VT1 承担 1/2 的电源电压 u_2，在 $\omega t_1 \sim \omega t_2$ 期间，晶闸管 VT1 导通，忽略管压降，晶闸管两端的电压 $u_{VT1} \approx 0$；在 $\omega t_2 \sim \omega t_3$ 期间，由于 VT1 ~ VT4 均处于截止状态，使得晶闸管 VT1 承担 1/2 的电源电压 u_2，$\omega t_3 \sim \omega t_4$ 期间，当晶闸管 VT3 被触发导通后，VT1 将承受 u_2 的全部反向电压波形。

由以上的分析和测试可以得出：

1）在单相全控桥式整流调光灯电路中，两

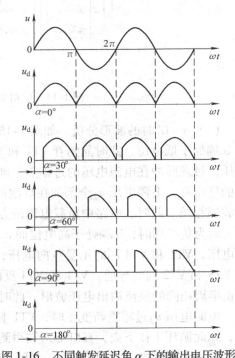

图 1-16　不同触发延迟角 α 下的输出电压波形

组晶闸管（VT1、VT4 和 VT2、VT3）是在相位上互差 180°轮流导通，将交流电转变成脉动的直流电。

2）晶闸管 VT1 与 VT3 的阴极接在一起，构成共阴极接法，VT2 与 VT4 的阳极接在一起，构成共阳极接法。在晶闸管导通期间，管压降约等于零，其波形为一条与横轴重合的直线；当处于同一组的另一只晶闸管导通时，晶闸管将承受 u_2 的全部反向电压波形；当四只晶闸管都处于截止状态时，如果晶闸管的漏电阻相等，则晶闸管承受电源电压 u_2 的 1/2。

3）移相范围为 0°~180°。

4）计算公式见表 1-6。

表1-6 计算公式

输出电压平均值	$U_d = 0.9 U_2 \dfrac{1 + \cos \alpha}{2}$
负载电流平均值	$I_d = \dfrac{U_d}{R_d} = 0.9 \dfrac{U_d}{R_d} \dfrac{1 + \cos\alpha}{2}$
晶闸管最大耐压电压	$U_{TM} = \sqrt{2} U_2$

2. 触发电路工作原理分析

触发电路接在同步变压器后端，同步变压器与主电路接在同一电源电压上，而且整流变压器与同步变压器的一次侧接法一致。但是，主电路是将整流变压器二次相电压作为输入电压，而触发电路是将同步变压器二次线电压作为输入电压，这样同步变压器二次线电压超前整流变压器二次相电压 30°，这样便可保证触发电路能够在主电路电压过零点（$\alpha = 0°$）时输出脉冲，但是也是由于这个原因，触发电路无法送出 $\alpha \geq 150°$ 的脉冲，因此负载的两端无法检测到触发延迟角大于 150°的输出电压波形。脉冲输出后经脉冲变压器进行隔离，继而送入晶闸管的门极。

在触发电路的输出端采用了脉冲变压器，其主要作用是：

1）起到阻抗匹配作用，使脉冲电压幅值降低以增大输出电流，保证晶闸管的可靠触发。

2）可以使触发脉冲的极性改变或实现两组独立脉冲同时送出。

3）实现触发电路与主电路的电气隔离，有利于防干扰和提高线路的安全性，并且使触发器之间实现电气隔离。

单结晶体管触发电路一般适用于小功率晶闸管电路。由于大、中功率的变流器对触发电路的精度要求较高，对输出的触发功率要求较大，故广泛应用的是晶体管触发电路，其中以同步信号为锯齿波的触发电路应用最多。

锯齿波同步移相触发电路由同步检测、锯齿波形成、移相控制、脉冲形成、脉冲放大等环节组成，其工作原理如图 1-17 所示。

由 V3、VD1、VD2、C1 等元器件组成同步检测环节，其作用是利用同步电压来控制锯齿波产生的时刻及锯齿波的宽度。由 V1、V2 等元器件组成的恒流源电路，当 V3 截止时，恒流源对 C2 充电形成锯齿波；当 V3 导通时，电容 C2 通过 R4、V3 放电。调节电位器 RP1 可以调节恒流源的电流大小，从而改变了锯齿波的斜率。控制电压 U_{CT}、偏移电压 U_b 和锯

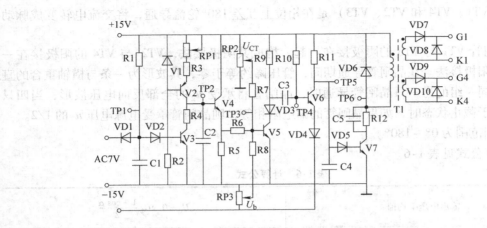

图 1-17 锯齿波同步移相触发电路的工作原理

齿波电压在 V5 的基极进行叠加，从而构成移相控制环节，RP2、RP3 分别调节控制电压 U_{CT} 和偏移电压 U_b 的大小。V6、V7 构成脉冲形成放大环节，C5 为强触发电容改善脉冲的前沿，由脉冲变压器输出触发脉冲，电路中各点的电压波形（$\alpha = 90°$）如图 1-18 所示。

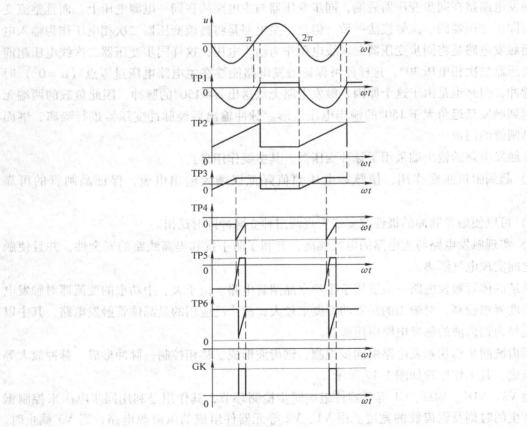

图 1-18 锯齿波同步移相触发电路中各点的电压波形

（三）评价标准

评价内容	分值	评分		
		自我评价	小组评价	教师评价
能掌握晶闸管单相全控整流调光灯电路的工作原理	10			
能够正确分析晶体管触发电路的工作原理	10			
能正确连接电路并调试	20			
能正确使用示波器测试各点波形	20			
安全意识	10			
团结协作	10			
自主学习能力	10			
语言表达能力	10			
合计				

◆ **知识拓展**

【晶闸管的选择及保护】

1. **晶闸管的主要参数**

晶闸管的参数很多，在生产实践中，我们最关心的是晶闸管在关断状态下，能够承受多大的正、反向电压，它在导通时通过多大的电流；导通的晶闸管要想关断有什么条件等。在实际使用时，主要考虑以下几个参数。

（1）断态重复峰值电压 U_{DRM}　结温为额定值，门极断开，允许重复加在晶闸管 A 极与 K 极间的正向峰值电压。

（2）反向重复峰值电压 U_{RRM}　结温为额定值，门极断开，允许重复加在晶闸管 A 极与 K 极间的反向峰值电压。

通常情况下，U_{DRM} 和 U_{RRM} 两者相差不大，统称为峰值电压，俗称额定电压。若两者不等，则取其较小的电压。

（3）通态平均电流 $I_{T(AV)}$　在规定的环境温度和散热条件下，结温为额定值，允许通过的工频正弦半波电流的平均值。

（4）通态平均电压 $U_{T(AV)}$　结温稳定，通过的工频正弦半波额定的平均电流，晶闸管导通时，A 极与 K 极间的电压平均值，习惯上称为导通时的管压降，一般为 1V 左右。它的大小反映了晶闸管的管耗大小，此值越小越好。

（5）维持电流 I_H　在规定的环境温度下，门极断路时，维持晶闸管导通所必需的最小电流，一般为几十到几百毫安。它是晶闸管由通到断的临界电流，要使晶闸管关断，必须使正向电流小于 I_H。

2. **晶闸管的型号**

晶闸管型号的含义如图 1-19 所示。

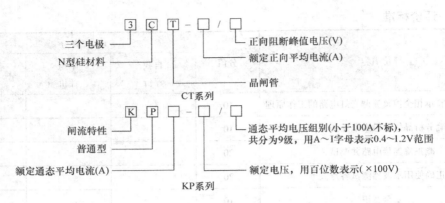

图 1-19　晶闸管型号的含义

国产普通型晶闸管的型号有 3CT 系列和 KP 系列。例如，3CT—5/500 表示额定电流为 5A，额定电压为 500V 的普通型晶闸管；KP100—12G 型晶闸管表示额定电流为 100A，额定电压为 1200V，正向通态平均电压组别为 G 的普通反向阻断型晶闸管。

3. 晶闸管的选择

在实际使用过程中，我们往往要根据工作条件进行晶闸管的合理选择，以达到满意的技术和经济效果。

正确选择晶闸管主要包括两个方面：一是要根据情况确定所需晶闸管的额定值；二是根据额定值确定晶闸管的型号。

（1）晶闸管额定电压 U_{Tn} 的确定　在晶闸管的铭牌上，额定电压是以电压等级的形式给出的，通常标准电压等级规定为：电压在 1000V 以下，每 100V 为一级；电压在 1000~3000V，每 200V 为一级，见表 1-7。

表 1-7　晶闸管电压等级

级别	正反向重复峰值电压/V	级别	正反向重复峰值电压/V	级别	正反向重复峰值电压/V
1	100	8	800	20	2000
2	200	9	900	22	2200
3	300	10	1000	24	2400
4	400	12	1200	26	2600
5	500	14	1400	28	2800
6	600	16	1600	30	3000
7	700	18	1800	32	3200

在使用过程中，环境温度的变化、散热条件以及出现的各种过电压都会对晶闸管产生影响，因此在选择晶闸管时，应当使晶闸管的额定电压至少为实际工作时可能承受的最大电压 U_{TM} 的 2~3 倍，即

$$U_{Tn} \geqslant (2~3) U_{TM}$$

（2）晶闸管额定电流 $I_{T(AV)}$ 的确定　由于整流设备的输出端所接负载常用平均电流来表示，晶闸管额定电流的标定与其他电气设备不同，采用的是平均电流，而不是有效值，因此又称为额定通态平均电流。但是晶闸管的额定电流又与流过晶闸管的有效值 I_{Tn} 有关，两者

关系为

$$I_{Tn} = 1.57I_{T(AV)}$$

在实际选择晶闸管时，其额定电流的确定一般按以下原则：晶闸管的额定电流有效值大于或等于其所在电路中可能流过的最大电流的有效值 I_{TM}，同时取 1.5～2 倍的余量，即

$$1.57I_{T(AV)} = I_{Tn} \geqslant (1.5 \sim 2)I_{TM}$$

所以

$$I_{T(AV)} \geqslant (1.5 \sim 2)\frac{I_{TM}}{1.57}$$

4. 晶闸管的保护

晶闸管是具有体积小、损耗小、无声、控制灵敏等许多优点的半导体变流器件，但它的过电流、过电压承受能力比一般电动机电器产品要小得多，在使用中，除了要使它的工作条件留有充分的余地外，还要采取必要的过电流、过电压等保护措施。

（1）过电压保护

1）产生过电压的原因及后果：

原因：由于晶闸管电路中含有电感元件（如变压器、电抗线圈等），在变压器一次侧拉闸，整流装置直流侧切断开关，晶闸管由导通转变为阻断等，电感线圈上都会产生很高的电动势，使晶闸管承受很高的电压（过电压）。

后果：过电压即使作用时间很短，也可使晶闸管误导通，甚至被击穿损坏。

2）过电压保护的方法：

通常采用阻容吸收电路进行过电压保护。

阻容吸收保护是利用阻容元件来吸收过电压，其实质是当电路切断瞬间，电感回路产生的磁场能量（感应电动势）被电容吸收转换为电场能，然后电容又通过电阻放电，将电场能释放出来，从而抑制了过电压，保护了晶闸管。阻容吸收元件在电路中的接入方法有 3 种，如图 1-20 所示。

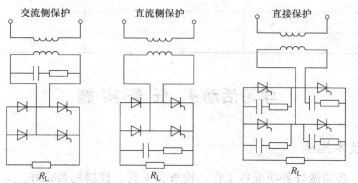

图 1-20　过电压保护的方法

（2）过电流保护

1）过电流产生的原因及后果：

原因：主要有负载过载、短路、其他晶闸管击穿或触发电路使晶闸管误触发等。

后果：晶闸管的热容量较小，当发生过电流时，温度升高，若超过允许值，晶闸管会损坏。

2）过电流保护的作用：过电流保护的作用是，一旦有过电流产生威胁晶闸管时，能在允许时间内快速地将过电流切断，以防晶闸管损坏。

3）保护方法：常采用快速熔断器进行过电流保护。快速熔断器保护电路有 3 种接法，如图 1-21 所示。

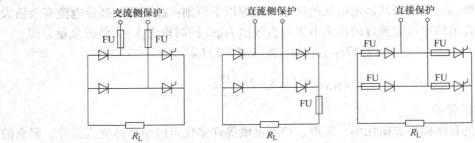

图 1-21 快速熔断器保护电路

快速熔断器熔断时间比普通熔断器短，所以实际使用时，切不可用普通熔断器来代替快速熔断器。否则，一旦发生过电流，普通熔断器还来不及熔断，晶闸管就已经烧毁了。

学习活动 3　制订工作计划

一、设计单相全控调光灯电路

根据相关知识学习中的相关内容，设计并画出单相全控桥式调光灯电路。

二、列出材料计划清单

根据你设计的电路，列出所需材料清单。

序号	名称	规格型号	数量	备注

学习活动 4　任 务 实 施

一、安全技术措施

1）安装前，必须做好各项准备工作，检查各工具、仪器是否完好。

2）所有人员必须听从指导教师和小组项目负责人的统一指挥，不得私自操作。

3）严格按照技术规范进行安装。

4）通电前，安全负责人要认真检查线路，并在指导教师允许后，方可通电。

5）安装调试结束后，质量验收负责人要向指导教师汇报安装调试结果，并整理操作台。

二、工艺要求

1）元器件布置要合理，便于连接电路。

2）电路连线工艺要美观，走线横平竖直，尽量减少跨线。

3）焊接工艺要求焊点合格，防止出现虚焊、假焊现象。

三、技术规范

1）采用 AC 220V 电压供电。

2）调试前应将电位器调到最大值，调光电路开关打开后，灯光开始较暗通过调节后变亮，关灯时灯光应调回到最暗状态。

四、任务实施

1）对电路中使用的元器件进行检测与筛选。

2）按照原理图在实训台上装接电路。在实训台上找出图 1-22 和图 1-23 所示变压器及触发电路，并进行单相全控桥式调光灯电路的连接。

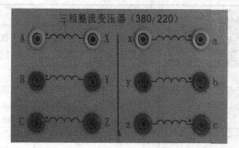 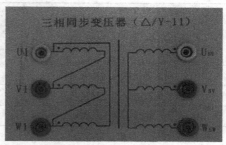

图 1-22　整流变压器和同步变压器

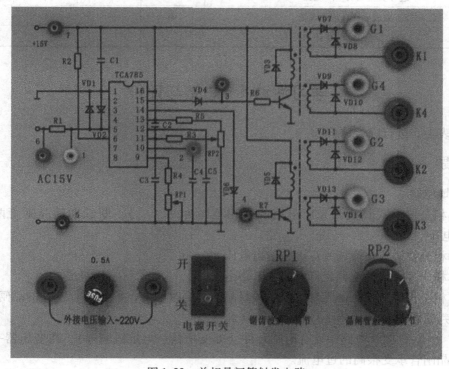

图 1-23　单相晶闸管触发电路

3）线路检查。通电调试前一定要认真检查线路，确认无误并经教师允许后方可通电。

4）通电调试。接通电源，调节电位器，看电路是否正常工作，各点波形是否正确。

5）对调试过程中出现的故障进行排除并记录。

故障检查修复记录

检修步骤	过程记录
观察到的故障现象	
分析故障现象原因	
确定故障范围，找到故障点	
排除故障	

五、评价标准

评价内容	分值	评分		
		自我评价	小组评价	教师评价
能正确检测与筛选元器件	20			
能按电路图正确接线	20			
正常运转无故障	30			
出现故障正常排除	10			
遵守安全文明生产规程	10			
施工完成后认真清理现场	10			
合计				

学习活动5　总结与评价

参照表1-5进行综合评价。

 习题

一、填空题

1. 单相全控桥式整流调光灯电路的移相范围为（　　　），断续期间晶闸管两端承受（　　　）电压。

2. 单相全控桥式整流调光灯电路输出电压 u_d =（　　　）。

3. 单相全控桥式整流调光灯电路主电路由（　　　）和（　　　）组成。

4. 单相全控桥式整流调光灯电路中两只晶闸管同时触发，承受（　　　）的晶闸管导通。

二、判断题

（　　）1. 晶闸管电路中含有电感元件（如变压器、电抗线圈等），在变压器一次侧拉闸，会使晶闸管承受很高的过电流。

（　　）2. 晶闸管电路中含有电感元件（如变压器、电抗线圈等），在变压器一次侧拉闸，会使晶闸管承受很高的过电压。

（　　）3. 阻容吸收保护是利用阻容元件来吸收过电压，从而保护晶闸管。

（　　）4. 阻容吸收保护是利用阻容元件来吸收过电流，从而保护晶闸管。

三、选择题

1. 晶闸管两端并联一个 RC 电路的作用是（　　）。

A. 分流　　　　　　B. 降压　　　　　　C. 过电压保护　　　　　　D. 过电流保护

2. 普通晶闸管的通态电流（额定电流）是用电流的（　　）来表示的。

A. 有效值　　　　　B. 最大值　　　　　C. 平均值　　　　　D. 最小值

3. 在单相半波可控整流大电感负载电路中，晶闸管承受的最大正向电压是（　　）。

A. $2.828U_2$　　　B. $1.414U_2$　　　C. $2.45U_2$　　　D. $1.732U_2$

4. 单相全控桥式可控整流装置中一共用了（　　）晶闸管。

A. 一只　　　　　　B. 二只　　　　　　C. 三只　　　　　　D. 四只

5. 为了让晶闸管可控整流电感性负载电路正常工作，应在电路中接入（　　）。

A. 晶体管　　　　　B. 续流二极管　　　C. 电阻　　　　　　D. 电容

四、简答题

1. 晶闸管的型号为 KP200—14，其中 K、P、200 和 14 分别表示什么？

2. 正确选择晶闸管主要包括哪两个方面？

3. 晶闸管产生过电压的原因及保护方法是什么？

4. 晶闸管产生过电流的原因及保护方法是什么？

5. 脉冲变压器的作用是什么？

6. 锯齿波同步移相触发电路由哪几部分组成？

7. 单相全控桥式整流调光灯电路移相范围是多少？晶闸管最大耐压电压是多大？输出电压平均值公式是什么？

五、画图题

如图题 1-3 所示，正确连接单相全控桥式整流调光灯电路。

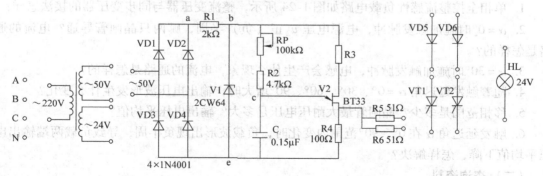

图题 1-3

六、计算题

单相全控桥式整流调光灯电路，负载 $R_d = 10\Omega$，在负载两端测得触发延迟角 $\alpha = 90°$ 时的输出电压 =99V，试求：（1）电源电压 u_2 的大小；（2）计算触发延迟角 $\alpha = 0°$ 时输出电压和负载的电流的大小？

子任务三 单相直流电动机调速电路的安装与调试

学习目标：

1. 能掌握单相桥式可控整流感性负载电路的组成及工作原理。
2. 能掌握单相桥式可控整流感性负载电路中续流二极管的作用。
3. 能正确连接并调试单相直流电动机调速电路。
4. 能对调试过程中出现的故障进行检修与排除。

情景描述

可控整流电路在我们的日常生活和企业生产中都有广泛的应用。前面两个子任务我们学习了可控整流调光灯电路，即阻性负载，但实际应用中，有许多负载是感性的，如直流电动机。直流电动机调速在日常生活和企业生产中使用范围十分广泛。

学习活动1 明确工作任务

本任务通过单相直流电动机调速电路的安装与调试，学习掌握单相可控整流感性负载电路的组成及工作原理，掌握续流二极管的作用。

学习活动2 学习相关知识

（一）引导问题

1. 单相全控整流感性负载电路如图1-24所示，整流变压器与同步变压器的接法怎样？

2. $\alpha = 0°$时施加触发脉冲，电源电压u_2正（负）半周，哪两只晶闸管导通？电流的通路是怎样的？

3. $\alpha = 30°$时施加触发脉冲，电感会产生什么现象，电流的通路是怎样的？

4. 随着触发延迟角$\alpha = 0°$、$30°$、$60°$、$90°$增大时，输出电压波形发生什么变化？

5. 移相范围是多少？晶闸管最大耐压电压是多大？输出电压平均值？

6. 触发延迟角α在$0° \sim 90°$范围内变化时，负载波形出现负半周，导致负载两端输出电压平均值下降，怎样解决？

（二）咨询资料

单相全控整流感性负载电路如图1-24所示。

单相全控整流感性负载电路工作波形分析如下：

1. $\alpha = 0°$时的波形分析

当$\alpha = 0°$时，单相全控整流感性负载电路的输出电压u_d和晶闸管VT1两端承受电压的波形与单相全控桥式整流调光灯电路相同：在电源电压正半周时晶闸管VT1和VT4同时导

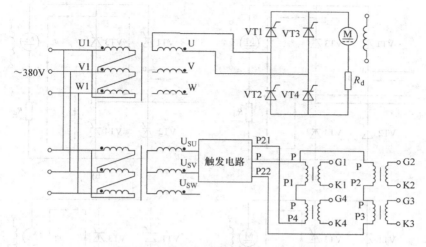

图 1-24　单相全控整流感性负载电路

通，VT3 和 VT2 同时承受反向电源电压截止，负载电压 u_d 等于 u_2，此时忽略晶闸管的管压降，晶闸管 VT1 两端的电压近似为零；在电源电压负半周时晶闸管 VT3 和 VT2 同时导通，负载电压是与前半个周期形状相同的电压波形，此时，晶闸管 VT1 处于截止状态而承受 u_2 全部反向电压波形。

2. $\alpha = 30°$时的波形分析

改变触发延迟角 α 的大小即可改变输出电压的波形，$\alpha = 30°$时输出电压波形如图 1-25 所示。

当电源电压 u_2 处于正半周时，在 $\alpha = 30°$（ωt_1 时刻）时，由触发电路送出的触发脉冲 U_{g1}、U_{g4} 同时触发晶闸管 VT1 和 VT4 导通，忽略管压降，电源电压 u_2 加于负载两端，整流输出电压 u_d 的波形与电源电压 u_2 正半周的波形相同。负载电流方向如图 1-26a 所示。

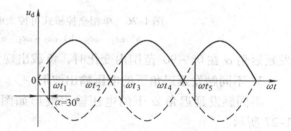

图 1-25　$\alpha = 30°$时的输出电压波形

当电源电压 u_2 过零变负（ωt_2 时刻），在电动机电枢绕组两端产生感应电动势 e_L，极性为下"正"上"负"，且大于电源电压 u_2。在 e_L 的作用下，负载电流方向不变，且大于晶闸管 VT1 和 VT4 的维持电流，负载电压 u_d 出现负半周，将电动机电枢绕组中的能量反送回电源，如图 1-26b 所示。

当电源电压 u_2 负半周时，在 $\alpha = 30°$（ωt_3 时刻），触发电路送出的触发脉冲 U_{g3}、U_{g2} 同时触发晶闸管 VT3 和 VT2 导通，VT1 和 VT4 因承受反压而关断，负载电流从 VT1 和 VT4 换流到 VT3 和 VT2，负载电流方向如图 1-26c 所示。

同样在电源电压 u_2 过零变正（ωt_4）时，在电动机电枢绕组两端感应电动势 e_L 的作用下，晶闸管 VT3 和 VT2 维持导通状态，将电动机电枢绕组中的能量反送回电源，直到晶闸管 VT1 和 VT4 再次被触发导通，如图 1-26d 所示。

在 $\alpha = 90°$时，负载电压 u_d 波形的正负面积近似相等，平均值 $u_d \approx 0$。由此可见，当触

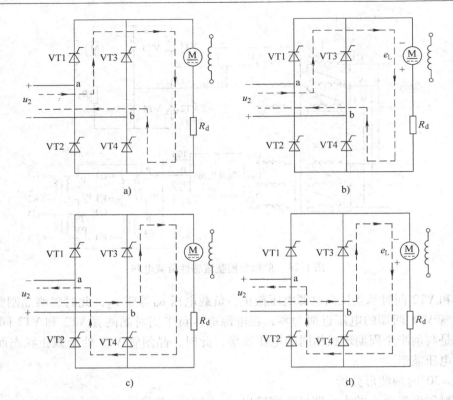

图 1-26　单相全控桥式可控大电感电路中负载电流的方向

a) $\omega t_1 \sim \omega t_2$　b) $\omega t_2 \sim \omega t_3$　c) $\omega t_3 \sim \omega t_4$　d) $\omega t_4 \sim \omega t_5$

发延迟角 α 在 0°～90°范围内变化时，负载出现负半周，移相范围为 0°～90°。

3. 不同触发延迟角下的电压输出波形

不同触发延迟角 α 下的电压输出波形如图 1-27 所示。

单相全控整流感性负载电路的计算公式见表 1-8。

4. 负载两端并接续流二极管的简单分析

单相全控整流感性负载电路在 0°～90°的范围内，负载电压 u_d 的波形出现负半周，从而使电路输出电压平均值 u_d 下降，可以在负载两端并接续流二极管来解决这个问题。

接入续流二极管后，以 $\alpha = 60°$ 时被触发导通，整流输出电压 u_d 的波形与电源电压 u_2 正半周的波形相同，如图 1-28 所示。

当电源电压 u_2 过零变负时，续流二极管 VD 承受正向电压导通，晶闸管 VT1 和 VT4 承受反向电压关断，$u_d = 0$，波形与横轴重合，此时负载电流 i_d 不再流回电源，而是经过续流二极管

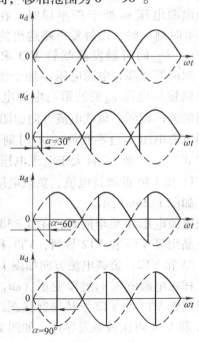

图 1-27　不同触发延迟角 α 下的输出电压波形

VD 进行续流，释放电感中储存的能量。

表 1-8　单相全控整流感性负载电路的计算公式

输出电压平均值	$U_d = 0.9U_2\cos\alpha$
负载电流平均值	$I_d = \dfrac{U_d}{R_d} = 0.9\dfrac{U_2}{R_d}\cos\alpha$
晶闸管最大耐压电压	$U_{TM} = \sqrt{2}U_2$

在电源电压 u_2 负半周相同的时刻，晶闸管 VT3 和 VT2 被触发导通，续流二极管 VD 承受反向电压关断，在负载两端获得与 VT1 和 VT4 导通时相同的整流输出电压波形。

当电源电压 u_2 过零重新变正时，续流二极管 VD 再次导通进行续流，直至晶闸管 VT1 和 VT4 再次被触发导通，电路完成一个周期的工作。其工作波形如图 1-29 所示。

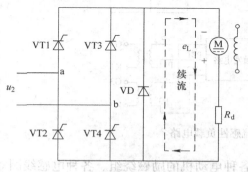

图 1-28　负载两端并接续流二极管

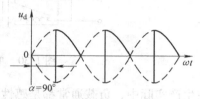

图 1-29　工作波形

单相全控整流感性负载电路输出两端并接续流二极管电路的计算公式见表 1-9。

表 1-9　计算公式

输出电压平均值	$U_d = 0.9U_2\dfrac{1+\cos\alpha}{2}$
负载电流平均值	$I_d = \dfrac{U_d}{R_d} = 0.9\dfrac{U_2}{R_d}\dfrac{1+\cos\alpha}{2}$
晶闸管最大耐压电压	$U_{TM} = \sqrt{2}U_2$

（三）评价标准

评价内容	分值	评分		
		自我评价	小组评价	教师评价
能掌握晶闸管单相全控直流电动机调速电路的工作原理	20			
能掌握单相全控直流电动机调速电路中续流二极管的作用	20			
能进行负载两端并接续流二极管的简单分析	20			
安全意识	10			
团结协作	10			
自主学习能力	10			
语言表达能力	10			
合计				

◆ **知识拓展**

【单相半控整流感性负载电路】

单相半控整流感性负载电路如图 1-30 所示。

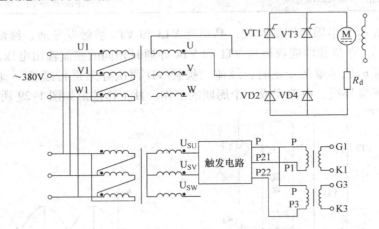

图 1-30 单相半控整流感性负载电路

在生产实际中，负载通常都是感性的，例如各种电动机的励磁绕组、各种电感线圈等；也有的负载是蓄电池（充电）或直流电动机的电枢等。这些负载的工作情况和电阻性负载有很大的不同。

当通过线圈的电流发生变化时，线圈会产生感应电动势并阻碍电流的变化，所以通过线圈的电流不能突变。

单相半控整流感性负载电路负载两端的电压波形分析。

1. $\alpha = 0°$ 时的波形分析

$\alpha = 0°$ 时，单相半控整流感性负载电路的输出电压 u_d 和晶闸管 VT1 两端承受电压的波形与单相半控桥式整流调光灯电路相同。

在电源电压正半周时，晶闸管 VT1 和二极管 VD4 同时导通，负载电压 u_d 等于 u_2，此时忽略晶闸管的管压降，晶闸管 VT1 两端的电压近似为零。

当电源电压负半周时，晶闸管 VT3 和二极管 VD2 同时导通，负载电压是与前半个周期形状相同的电压波形，此时，晶闸管 VT1 处于截止状态而承受 u_2 全部反向电压波形。

2. $\alpha = 30°$ 时的波形分析

$\alpha = 30°$ 时的输出电压波形如图 1-31 所示。

当电源电压 u_2 处于正半周时，晶闸管 VT1 在 $\alpha = 30°$（ωt_1 时刻）触发导通，此时二极管 VD4 也因承受正向电压而导通，负载电流 i_d 的流向为：电源 a 端→VT1→负载→VD4→电源 b 端，如图 1-32a 所示，整流输出电压 $u_d = u_2$，晶闸管 VT1 两端承受电压 $u_{VT1} \approx 0$，其波形依然与横轴重合，VT3 和 VD2 截止。

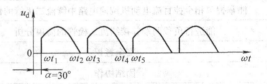

图 1-31 $\alpha = 30°$ 时的输出电压波形

当电源电压 u_2 过零进入负半周时（ωt_2 时刻），电感上产生的感应电动势 e_L 下"正"上"负"，在它的作用下 VT1 依然处于导通状态，但此时 a 端的电位低于 b 端，二极管 VD2 正向导通，同时使 VD4 承受反向电压关断，负载电流 i_d 由 VT1 和 VD2 构成回路进行续流，如图 1-32b 所示，这一过程称为自然续流，其换相过程称为自然换相。

在自然续流期间（$\omega t_2 \sim \omega t_3$），忽略 VT1、VD2 的管压降，整流输出电压 $u_d \approx 0$，由于晶闸管 VT1 仍处于导通状态，其两端承受的电压波形依然与横轴重合。

在电源电压 u_2 的负半周 ωt_3 时刻晶闸管 VT3 触发导通，负载电流 i_d 的流向为：电源 b 端→VT3→负载→VD2→电源 a 端，如图 1-32c 所示，在负载两端得到与 u_2 正半周时相同的输出电压，晶闸管 VT1 因 VT3 导通而承受反向电源电压 u_2 关断。

同样，当电源电压 u_2 过零进入正半周时（ωt_4 时刻），电感上产生的感应电动势 e_L 下"正"上"负"，使晶闸管 VT3 继续保持导通，二极管 VD4 自然换相导通，同时 VD2 截止，电路进入自然续流状态，如图 1-32d 所示，整流输出电压 $u_d \approx 0$，晶闸管 VT1 承受正向电源电压 u_2。

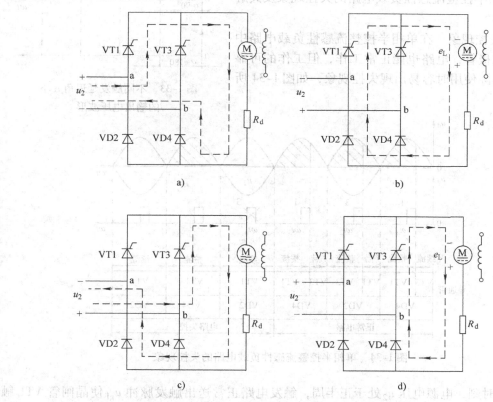

图 1-32　单相半控整流感性负载电路中负载电流的方向
a）$\omega t_1 \sim \omega t_2$　b）$\omega t_2 \sim \omega t_3$　c）$\omega t_3 \sim \omega t_4$　d）$\omega t_4 \sim \omega t_5$

不同触发延迟角 α 下的输出电压波形如图 1-33 所示。

由以上的分析和测试可以得出以下结论：

1）在单相半控整流感性负载电路中，两只晶闸管触发换相，两只二极管则在电源过零时进行换相。

2）电路内部有自然续流的作用，输出电压 u_d 没有负半周，负载电流 i_d 也不再流回电源，只要负载中的电感足够大，则负载电流 i_d 连续。

3）移相范围为 $0° \sim 180°$。

4）单相半控整流感性负载电路参数的计算公式见表 1-10。

表 1-10 计算公式

输出电压平均值	$U_d = 0.9 U_2 \dfrac{1 + \cos\alpha}{2}$
负载电流平均值	$I_d = \dfrac{U_d}{R_d} = 0.9 \dfrac{U_2}{R_d} \dfrac{1 + \cos\alpha}{2}$
晶闸管最大耐压电压	$U_{TM} = \sqrt{2} U_2$

3. 单相半控整流感性负载电路的失控现象及其解决方法

（1）失控现象 在单相半控整流感性负载电路中不接续流二极管，电路也能正常工作，但工作的可靠性不高。实际使用时容易出现失控现象，如图 1-34 所示。

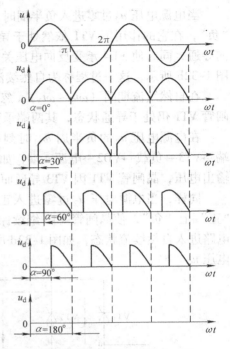

图 1-33 不同触发延迟角 α 下的输出电压波形

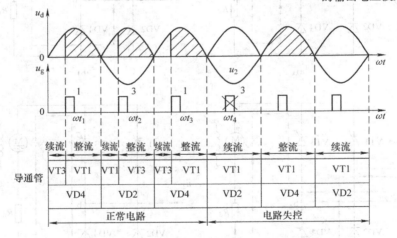

图 1-34 单相半控整流感性负载电路的失控现象

在 ωt_3 时刻，电源电压 u_2 处于正半周，触发电路正常送出触发脉冲 u_{g1} 使晶闸管 VT1 触发导通，此时，VT1 和 VD4 导通，电路处于整流状态，当电源电压 u_2 过零进入负半周时，负载电流 i_d 由 VD4 换相 VD2，VT1 和 VD2 导通，电路进入自然续流状态。

在 ωt_4 时刻，电源电压 u_2 处于负半周，触发电路本应送出触发脉冲 u_{g3} 使晶闸管 VT3 被触发导通，同时使 VT1 承受反向电压关断，但是由于某种原因造成触发脉冲 u_{g3} 突然丢失，使 VT3 无法导通，这时只要电感中储存的能量足够大，续流过程将继续进行，直至电源电压 u_2 的负半周结束。

当电源电压 u_2 再次过零进入正半周时，VT1 承受正向电压继续导通，负载电流 i_d 由 VD2 换流到 VD4，电路再次进入整流状态，负载电流 i_d 流向如图 1-35 所示。如此循环下去。

也就是说，在单相半控整流感性负载电路中出现触发延迟角突然移到 180° 或者脉冲突然丢失的情况，将会发生已导通的晶闸管持续导通无法关断，而两只整流二极管轮流导通的不正常现象，这种现象被称为失控现象。在生产实际中，当电路一旦出现失控，已经导通的晶闸管将因过热而损坏，这是不允许的。

（2）解决方法　为了防止失控现象的产生，可以在负载两端并联一只二极管 VD，称为续流二极管。

工作过程分析如下：

在电源电压 u_2 正半周规定的控制时刻触发 VT1，电路处于 VT1 和 VD4 同时导通的整流状态，负载电路如图 1-35 所示。

当电源电压 u_2 过零进入负半周时，续流二极管 VD 导通，取代电路的自然续流。负载电流 i_d 经过 VD、R_d、L_d 构成通路，释放电感中储存的能量，此时晶闸管 VT1 因流过的电流为零而关断。

当电路工作于正常状态下，续流二极管 VD 将在触发电路送出 u_{g3}，使晶闸管 VT3 被触发导通，而后承受反向电压关断，换流后负载电流反向。

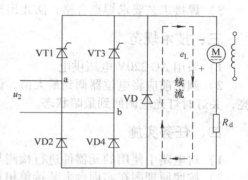

图 1-35　负载两端并接一只续流二极管 VD

如果电路出现触发脉冲 u_{g3} 突然丢失造成晶闸管 VT3 无法导通的情况，则因续流二极管 VD 的导通，晶闸管 VT1 在电源电压过零时已经关断，有效地避免了电路失控。

学习活动3　制订工作计划

一、设计单相直流电动机调速电路

根据相关知识学习中的相关内容，设计并画出单相直流电动机调速电路。

二、列出材料计划清单

根据你设计的电路，列出所需材料清单。

序号	名称	规格型号	数量	备注

学习活动4　任 务 实 施

一、安全技术措施

1）安装前，必须做好各项准备工作，检查各工具、仪器是否完好。

2）所有人员必须听从指导教师和小组项目负责人的统一指挥，不得私自操作。

3）严格按照技术规范进行安装。

4）通电前，安全负责人要认真检查线路，并在指导教师允许后，方可通电。

5）安装调试结束后，质量验收负责人要向指导教师汇报安装调试结果，并整理操作台。

二、工艺要求

1）元器件布置要合理，便于连接线路。

2）电路连线工艺要美观，走线横平竖直，尽量减少跨线。

3）焊接工艺要求焊点合格，防止出现虚焊、假焊现象。

三、技术规范

1）采用 AC 220V 电压供电。

2）调试前应将电位器调到最大值，调光电路开关打开后，灯光开始较暗通过调节后变亮，关灯时灯光应调回到最暗状态。

四、任务实施

1）对电路中使用的元器件进行检测与筛选。

2）按照原理图在实训台上装接单相直流电动机调速电路。

3）线路检查。通电调试前一定要认真检查线路，确认无误并经教师允许后方可通电。

4）通电调试。接通电源，调节电位器，看电路是否正常工作，各点波形是否正确，观察电动机转速变化，通电调试完毕后切断电源。

5）对调试过程中出现的故障进行排除，并记录。

故障检查修复记录

检修步骤	过程记录
观察到的故障现象	
分析故障现象原因	
确定故障范围，找到故障点	
排除故障	

五、评价标准

评价内容	分值	评分		
		自我评价	小组评价	教师评价
能正确检测与筛选元器件	20			
能按电路图正确接线	20			
正常运转无故障	30			
出现故障正常排除	10			
遵守安全文明生产规程	10			
施工完成后认真清理现场	10			
合计				

学习活动5　总结与评价

参照表1-5进行综合评价。

 习题

一、填空题

1. 在生产实际中，负载通常都是感性的，当通过线圈的电流发生变化时，线圈会产生（　　）并阻碍电流的变化，所以通过线圈的电流不能（　　）。

2. 单相半控整流大电感负载电路，为防止失控现象的产生，可以在负载两端并联一只（　　），称为（　　）。

3. 单相全控桥式整流大电感负载当触发延迟角 α 在 $0°～90°$ 范围内变化时，负载电压出现（　　），移相范围为（　　）。

4. 单相全控桥式整流大电感负载输出电压平均值的计算公式为（　　）。

5. 在单相全控桥式整流大电感负载电路中，每只晶闸管导通（　　），当晶闸管 VT1 导通时，忽略管压降 $U_{VT1} \approx$（　　）；当晶闸管 VT1 处于截止状态时，VT1 承受（　　）。

二、判断题

（　　）1. 单相半控整流大电感电路并接续流二极管的作用是提高输出电压。

（　　）2. 单相半控整流大电感电路并接续流二极管的作用是避免失控现象发生。

三、选择题

1. 在单相半波可控整流大电感负载电路中，晶闸管承受的最大正向电压是（　　）。

A. $2.828U_2$　　B. $1.414U_2$　　C. $2.45U_2$　　D. $1.732U_2$

2. 为了让晶闸管可控整流电感性负载电路正常工作，应在电路中接入（　　）。

A. 晶体管　　B. 续流二极管　C. 电阻　　　D. 电容

四、简答题

在单相半控桥式整流大电感负载电路中出现触发延迟角突然移到 $180°$ 或者脉冲突然丢失的情况，将会发生什么现象？怎样解决？

五、画图题

画出单相全控桥式整流大电感负载电路中触发延迟角 $\alpha = 0°$、$30°$、$60°$、$90°$ 时输出电压的波形。

学习任务二

三相可控整流电路的安装与调试

子任务一　三相半波可控整流调光灯电路的安装与调试

学习目标：

1. 能掌握三相半波可控整流电路的工作原理。
2. 能掌握集成触发电路 KCZ6 的组成及各部分的作用。
3. 能正确连接并调试三相半波可控整流调光灯电路。
4. 能对调试过程中出现的故障进行检修排除。

情景描述

　　可控整流电路在实际应用中，特别是小功率场合，较多采用单相可控整流电路。当功率超过 4kW 时，考虑到三相负载的平衡，因而采用三相可控整流电路。三相可控整流电路输出电压脉动较小，易于滤波，控制滞后时间短，因此在工业中几乎都是采用三相可控整流电路。三相半波可控整流电路是三相可控整流电路中最基本的组成形式，其余类型都可看作是由三相半波电路以不同方式串联或并联组成的。

学习活动 1　明确工作任务

　　本任务以三相半波可控整流调光灯电路的安装与调试为例，学习并掌握三相半波可控整流电路的电路组成及工作原理，以及三相集成触发电路 KCZ6 的组成和各部分的作用。

学习活动 2　学习相关知识

（一）引导问题

1. 三相电源各相表达式及波形是怎样的？
2. 什么是自然换相点？
3. 三相半波可控整流调光灯电路中整流变压器与同步变压器接法是怎样的？
4. 三相半波可控整流调光灯电路中三个晶闸管的阴极连接在一起，什么情况下 VT1 导通？什么情况下 VT3 导通？什么情况下 VT5 导通？

5. 三相半波可控整流电路 $\alpha = 0°$ 时的波形是怎样的？

6. 三相半波可控整流电路 $\alpha = 30°$、$60°$、$90°$、$150°$ 时，随着触发延迟角的增加输出电压波形发生怎样的变化？

7. 三相半波可控整流电路移相范围是多少？输出电压平均值是多少？

8. 三相半波可控整流电路采用什么触发电路？

9. KCZ6 由哪些元器件组成？各元器件有什么作用？

10. 三相半波可控整流电路触发电路需要哪些工作电源？

11. 三相半波可控整流电路触发电路靠哪个信号改变触发延迟角？

（二）咨询资料

三相半波可控整流电路的电压由三相整流变压器提供，也可直接由三相四线制交流电网供电。二次相电压有效值为 u_2，三相电压波形如图 2-1 所示。

其表达式为

$$u_U = \sqrt{2}U_2 \sin\omega t$$

$$u_V = \sqrt{2}U_2 \sin\left(\omega t - \frac{2\pi}{3}\right)$$

$$u_W = \sqrt{2}U_2 \sin\left(\omega t + \frac{2\pi}{3}\right)$$

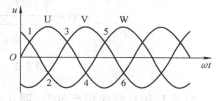

图 2-1　三相电压波形

图 2-1 中的 1、3、5 交点为电源相电压正半波的相邻交点，称为自然换相点。也就是三相半波可控整流各相晶闸管移相触发延迟角 α 的起始点，即 $\alpha = 0°$ 点。由于自然换相点距相电压原点为 $30°$，所以，触发脉冲距对应相电压的原点为 $30° + \alpha$。

三相半波可控整流调光灯电路是三相可控整流电路中最基本的组成形式，其余类型都可看作是由三相半波电路以不同方式串联或并联组成的。

三相半波可控整流电路的接法有两种：共阴极接法和共阳极接法。图 2-2 中三只晶闸管 VT1、VT3、VT5 的阴极连接在一起，这种接法叫共阴极接法，由于共阴极接法的晶闸管有公共端，使用调试方便，所以共阴极接法三相半波电路常被采用。

1. $\alpha = 0°$ 时的波形分析

设电路正常工作，经过 ωt_1 时刻（自然换相点 1），U 相的 VT1 开始承受正向电压，触发电路送出脉冲 u_{g1}，VT1 被触发导通，输出电压 $u_d = u_U$。

经过 ωt_2 时刻（自然换相点 3），V 相的 VT3 开始承受正向电压，触发电路送出脉冲 u_{g3}，则 VT3 导通，VT1 承受 u_{UV} 反压而关断，输出电压 $u_d = u_V$。

经过 ωt_3 时刻（自然换相点 5），W 相的 VT5 开始承受正向电压，触发电路送出脉冲 u_{g5}，则 VT5 导通，VT3 承受 u_{VW} 反压而关断，输出电压 $u_d = u_W$。

经过 ωt_4 时刻 U 相 VT1 再次被触发导通，输出电压 $u_d = u_U$，这样就完成了一个周期的换流过程，如图 2-3 所示。

2. $\alpha = 30°$ 时的波形分析

设电路正常工作，W 相 VT5 已导通，经过自然换相点 1 时，虽然 U 相 VT1 开始承受正向电压，但触发脉冲尚未送到，VT1 无法导通，于是 VT5 仍承受正向电压 u_W 继续导通。

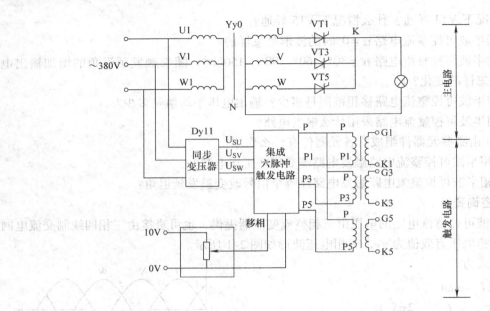

图 2-2　三相半波可控整流调光灯电路

当过 U 相自然换相点 30°，即 $\alpha = 30°$ 时，触发电路送出触发脉冲 u_{g1}，VT1 被触发导通，VT5 则承受反压 u_{WU} 关断，输出电压 u_d 波形为 u_W 波形，其他两相也依此类推轮流导通与关断。

需要指出的是，当 $\alpha = 30°$ 时，整流电路输出电压 u_d 波形处于连续和断续的临界状态，各相晶闸管依然导通 120°，一旦 $\alpha > 30°$，电压 u_d 波形将会间断，各相晶闸管的导通角将小于 120°，其输出电压波形如图 2-4 所示。

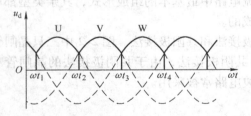

图 2-3　$\alpha = 0°$ 时的输出电压波形

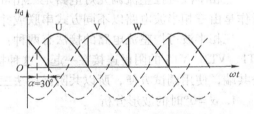

图 2-4　$\alpha = 30°$ 时的输出电压波形

3. $\alpha = 60°$ 时的波形分析

在 ωt_1 时 U 相晶闸管 VT1 承受正向电压，被 u_{g1} 触发导通，$u_d = u_U$，到电压 u_U 过零变负（ωt_2）时关断，此时 VT3 虽承受正向电压，但由于 u_{g3} 未到，不能导通。在 u_{g3} 来之前，各管均不导通，输出电压 $u_d = 0$。同理晶闸管 VT3、VT5 的工作过程与 VT1 相同，输出电压的波形出现断续。其输出电压波形如图 2-5 所示。

由以上分析可以得出以下结论：

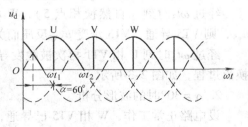

图 2-5　$\alpha = 60°$ 时的输出电压波形

1）当触发脉冲后移到 $\alpha = 150°$ 由于晶闸管已不再承受正向电压，无法导通，所以，$\alpha = 150°$ 时，输出电压 $u_d = 0$。

2）改变对晶闸管施加脉冲的时刻，就能改变电路输出电压 u_d 的波形。当 $\alpha = 0°$ 时，输出电压最大。输出电压移相范围是 $0° \sim 150°$。

3）计算公式见表 2-1。

表 2-1　计算公式

电路参数		计算公式
输出电压平均值	$0° \leqslant \alpha \leqslant 30°$	$U_d = 1.17 U_2 \cos\alpha$
	$30° \leqslant \alpha \leqslant 150°$	$U_d = 0.675 U_2 \left[1 + \cos\left(\pi/6 + \alpha\right) \right]$
晶闸管最大耐压电压		$U_{TM} = \sqrt{6} U_2$

4. KCZ6 集成化六脉冲触发组件

随着电力电子技术的发展，对变流装置的可靠性要求越来越高，由于集成触发器具有体积小、可靠性高、电路简单、使用调试维护都比较方便的优点而被广泛采用。

本任务采用的触发装置为 KCZ6 集成化六脉冲触发组件，其工作原理如图 2-6 所示。KCZ6 集成化六脉冲触发组件由三块 KC04 移相集成触发器、一块 KC41 六路脉冲形成器和一块 KC42 脉冲列调制形成器组成。

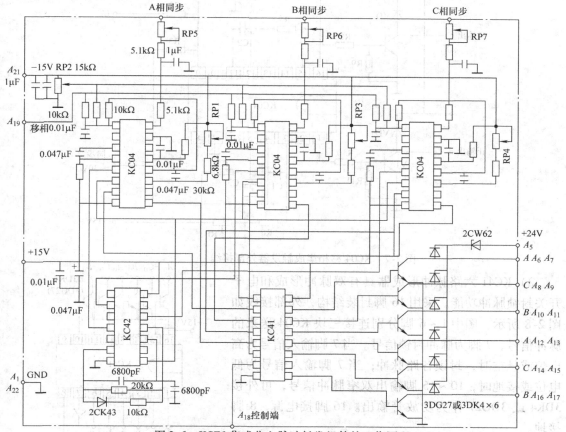

图 2-6　KCZ6 集成化六脉冲触发组件的工作原理

1）KC04 移相集成触发器采用 16 脚封装，其电路由同步检测环节、锯齿波形成环节、移相环节、脉冲形成环节、脉冲分选与放大输出环节组成。各引脚功能见表 2-2，外部接线如图 2-7 所示。

表 2-2 KC04 移相集成触发器各引脚功能

引脚号	功能	引脚号	功能
1	同相脉冲输出端	9	移相、偏移及同步信号综合端
2	悬空	10	悬空
3	锯齿波电容连接端	11	方波脉冲输出端
4	同步锯齿波电压输出端	12	脉宽信号输入端
5	电源负端	13	负脉冲调制及封锁控制端
6	悬空	14	正脉冲调制及封锁控制端
7	地端	15	反相脉冲输出端
8	同步电源信号输入端	16	电源正端

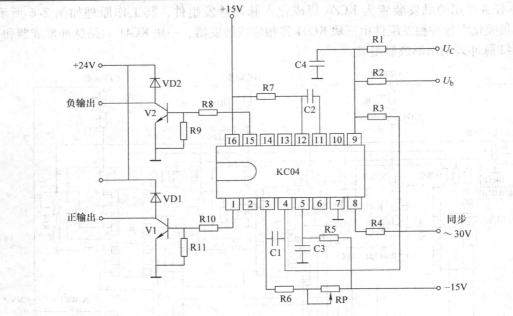

图 2-7 KC04 移相集成触发器外部接线

2）KC41 六路脉冲形成器具有双脉冲形成和电子开关封锁脉冲功能。采用 16 脚封装结构，外部接线如图 2-8 所示，图中 1～6 脚分别连接三块 KC04 送来的脉冲信号，7 脚为脉冲封锁信号。当 7 脚输入信号为高电位或悬空时，封锁各路脉冲；当 7 脚输入信号为低电位或接地时，10～15 脚输出双窄脉冲信号，可外接 3DK4 或 3DG27 作为功放管输出。16 脚接电源，8 脚接地。

3）KC42 脉冲列调制形成器的作用：它主要用于

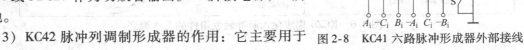

图 2-8 KC41 六路脉冲形成器外部接线

三相全控桥整流电路的脉冲调制源，这样可减少大功率触发电路电源的功率和脉冲变压器的体积，也可用于三相半控桥、单相全控桥、单相半控桥触发电路中。该电路具有脉冲占空比可调性好、频率调节范围宽、触发脉冲上升沿可与同步调制信号同步等优点，此外还可作为方波发生器用于其他电力电子设备中。

KC42 为双列直插 14 脚结构，其外部接线如图 2-9 所示。图中 2、4、12 脚分别连接三块 KC04 的 13 脚（脉冲列调制信号）；10 脚输出一系列前沿同步间隔 60°脉冲；8 脚输出分别送入三块 KC04 脉冲封锁脚（14 脚）控制 KC04 输出脉冲；此时，KC04 的 1 脚和 15 脚输出调制后的脉冲信号。

KC42 脉冲列调制形成器典型点的波形如图 2-10 所示。

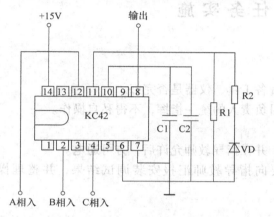

图 2-9　KC42 脉冲列调制形成器外部接线

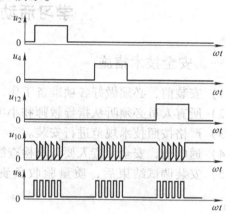

图 2-10　KC42 脉冲列调制形成器典型点的波形

（三）评价标准

评价内容	分值	评分		
		自我评价	小组评价	教师评价
能掌握三相半波可控整流调光灯电路的组成	20			
能掌握三相半波可控整流调光灯电路的工作原理	20			
能掌握集成触发电路 KCZ6 的组成及各部分的作用	20			
安全意识	10			
团结协作	10			
自主学习能力	10			
语言表达能力	10			
合计				

学习活动 3　制订工作计划

一、设计三相半波可控整流调光灯电路

根据相关知识学习中的相关内容，设计并画出三相半波可控整流调光灯电路。

二、列出材料计划清单

根据你设计的电路，列出所需材料清单。

序号	名称	规格型号	数量	备注

学习活动4 任务实施

一、安全技术措施

1）安装前，必须做好各项准备工作，检查各工具、仪器是否完好。

2）所有人员必须听从指导教师和小组项目负责人的统一指挥，不得私自操作。

3）严格按照技术规范进行安装。

4）通电前，安全负责人要认真检查线路，并在指导教师允许后，方可通电。

5）安装调试结束后，质量验收负责人要向指导教师汇报安装调试结果，并整理操作台。

二、工艺要求

1）元器件布置要合理，便于连接线路。

2）电路连线工艺要美观，走线横平竖直，尽量减少跨线。

三、技术规范

1）采用 AC 380V 电压供电。

2）整流变压器和同步变压器二次测输出电压波动不能超过 ±5%。

3）励磁电流必须是额定值，不能出现波动。

4）调试前应将电位器调到最大值，通电后慢慢调节电位器，断电前应将转速调整到零。

四、任务实施

1）在实训台上对电路中使用的元器件进行检测。

2）按照原理图在实训台上连接电路。整流变压器和同步变压器如图 1-22 所示，三相集成触发电路如图 2-11 所示。

3）线路检查。通电调试前一定要认真检查线路，确认无误并经教师允许后方可通电。

4）通电调试。接通电源，调节电位器，看电路是否正常工作，各点波形是否正确。通电调试结束后切断电源。

5）对调试过程中出现的故障进行排除，并加以记录。

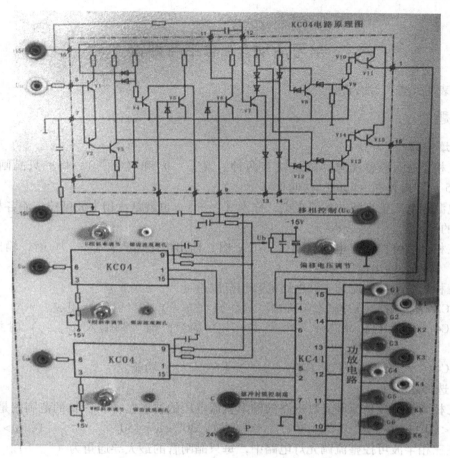

图 2-11　三相集成触发电路

故障检查修复记录

检修步骤	过程记录
观察到的故障现象	
分析故障现象原因	
确定故障范围，找到故障点	
排除故障	

五、评价标准

评价内容	分值	评分		
		自我评价	小组评价	教师评价
能正确检测与筛选元器件	20			
能按照电路图正确接线	20			
正常运转无故障	30			
出现故障正常排除	10			
遵守安全文明生产规程	10			
施工完成后认真清理现场	10			
合计				

学习活动5　总结与评价

参照表1-5进行综合评价。

习题

一、填空题

1. 三相半波可控整流电路的接法有两种：（　　）和（　　），将三只晶闸管 VT1、VT3、VT5 的阴极接在一起的接法叫作（　　）。

2. 电源相电压正半波的相邻交点，称为（　　）。也就是三相半波可控整流各相晶闸管（　　）的起始点。

3. 三相半波可控整流电路，当（　　）时，输出电压最大；（　　）时，输出电压减小；（　　）时，输出电压为零。

4. 三相半波可控整流调光灯电路的移相范围是（　　）。

5. KCZ6 集成化六脉冲触发组件由（　　）、（　　）和（　　）组成。

6. KC41C 六路双脉冲芯片 7 脚为（　　）信号，当 7 脚输入（　　）时封锁各路脉冲。

7. KC41C 六路双脉冲芯片具有（　　）和（　　）功能。

二、选择题

1. 三相半波可控整流调光灯电路的输出直流电压的波形在（　　）的范围内是连续的。

A. $\alpha < 60°$　　　　B. $\alpha < 30°$　　　　C. $30° < \alpha < 150°$　　　　D. $\alpha > 30°$

2. 在三相半波可控整流调光灯电路中，每只晶闸管的最大导通角为（　　）。

A. 30°　　　　B. 60°　　　　C. 90°　　　　D. 120°

3. 三相半波可控整流调光灯电路，当触发延迟角大于（　　）时，输出电流开始断续。

A. 30°　　　　B. 60°　　　　C. 90°　　　　D. 120°

4. 三相半波可控整流调光灯电路，若触发脉冲加于自然换相点之前，则输出电压将（　　）。

A. 很大　　　　B. 很小　　　　C. 出现断相现象　　　　D. 不变

5. 三相半波可控整流电路电源电压波形的自然换相点比单相半波可控整流电路的自然换相点（　　）。

A. 超前 30°　　　　B. 滞后 30°　　　　C. 超前 60°　　　　D. 滞后 60°

6. 三相半波可整流装置中一共用了（　　）晶闸管。

A. 一只　　　　B. 二只　　　　C. 三只　　　　D. 四只

7. KC04 型集成触发电路引脚 1 和 15 输出两个互差 180° 的触发脉冲，经过放大隔离后，可驱动三相全控桥（　　）的两只晶闸管。

A. 同一桥臂　　　　B. 不同桥臂　　　　C. 共阴极　　　　D. 共阳极

8. 集成触发电路中 KC41C 集成电路芯片被称为（　　）。

A. 集成移相触发器　　　　　　　　　B. 六路脉冲形成器

C. 脉冲同步器　　　　　　　　　　　D. 脉冲信号发生器

9. 集成触发电路中 KC04 集成电路芯片被称为（　　　）。

A. 集成移相触发器　　　　B. 六路脉冲形成器

C. 脉冲同步器　　　　　　D. 脉冲信号发生器

10. 若可控整流电路的功率大于 4kW，宜采用（　　　）整流电路。

A. 单相半波可控　　B. 单相半控　　　　C. 单相全控　　　　　D. 三相可控

三、判断题

（　　　）1. KC41 六路双脉冲芯片 7 脚为脉冲封锁信号，当 7 脚输入低电位时封锁各路脉冲。

（　　　）2. KCZ6 由三块 KC04 移相集成触发器、一块 KC41 六路脉冲形成器和一块 KC42 脉冲列调制形成器组成。

四、简答题

1. 三相半波可控整流电路触发电路需要哪些工作电源？

2. 什么叫自然换相点？

五、画图题

1. 画出三相半波可控整流主电路图。

2. 正确连接图题 2-1 所示的三相半波可控整流调光灯主电路。

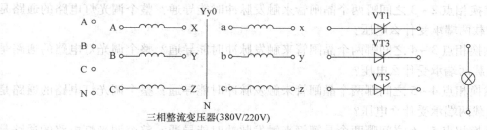

图题 2-1　三相半波可控整流调光灯主电路

六、计算题

三相半波可控整流调光灯电路中，变压器二次相电压为 20V，试计算 $\alpha = 0°$ 时的输出电压及晶闸管承受的最高电压。

子任务二　三相全控整流调光灯电路的安装与调试

 学习目标：

1. 能掌握三相全控整流电路的组成及工作原理。

2. 能掌握三相全控整流电路对触发脉冲的要求。

3. 能正确连接并调试三相全控整流调光灯电路。

4. 能对调试过程中出现的故障进行检修排除。

 情景描述

三相全控桥式整流电路是由一组共阴极组与一组共阳极组的三相半波可控整流电路相串

联构成的。当功率超过 4kW 时，考虑到三相负载的平衡，常采用三相桥式全控整流电路。三相可控整流电路输出电压脉动较小，易于滤波，控制滞后时间短，因此在工业中几乎都是采用三相全控整流电路。

学习活动1　明确工作任务

本任务以三相全控整流调光灯电路的安装与调试为例，学习掌握三相全控可控整流电路的电路组成及工作原理、三相全控可控整流电路对触发电路的要求。

学习活动2　学习相关知识

（一）引导问题

1. 三相电源相电压正半波的相邻交点和负半波的相邻交点之间的电角度是多少？

2. 三相全控桥式整流调光灯电路中如图 2-12 所示，共阴极接法时 VT1、VT3 或 VT5 的导通由什么来决定？共阳极接法中 VT2、VT4、VT6 的导通由什么来决定？

3. 自然换相点 2～3 之间哪两个晶闸管来触发脉冲时能导通？整个调光灯电路的通路是怎样的？负载两端承受什么电压？

4. 自然换相点 3～4 之间哪两个晶闸管来触发脉冲时能导通？整个调光灯电路的通路是怎样的？负载两端承受什么电压？

5. 自然换相点 4～5 之间哪两个晶闸管来触发脉冲时能导通？整个调光灯电路的通路是怎样的？负载两端承受什么电压？

6. 自然换相点 5～6 之间哪两个晶闸管来触发脉冲时能导通？整个调光灯电路的通路是怎样的？负载两端承受什么电压？

7. 自然换相点 6～7 之间哪两个晶闸管来触发脉冲时能导通？整个调光灯电路的通路是怎样的？负载两端承受什么电压？

8. 三相全控桥式整流调光灯电路中，触发延迟角 $\alpha = 0°$ 时其波形由什么组成？

9. 三相全控桥式整流调光灯电路为了保证电路能正常工作，或在电流断续后再次导通工作，必须对两组中应导通的两只晶闸管同时加触发脉冲，为此可以采用哪两种触发方式？

（二）咨询资料

三相全控桥式可控整流调光灯电路实质上是由一组共阴极组与一组共阳极组的三相半波可控整流电路相串联构成的，如图 2-12 所示。

三相全控桥式整流调光灯电路主电路由六只晶闸管构成，其中晶闸管 VT1、VT3、VT5 的阴极接在一起，构成共阴极接法，某一时刻，谁的阳极电压高，谁导通；VT4、VT6、VT2 的阳极接在一起，构成共阳极接法，某一时刻，谁的阴极电压低，谁导通。在任何时刻共阴极和共阳极组中必须各有一只晶闸管导通，才能使整流电流流通，负载端有输出电压。

从图 2-12 中可以看出，如果共阴极组与共阳极组的参数完全相同，可以使变压器二次侧正负半周均有电流流过，利用率增加 1 倍且无直流分量。

1. $\alpha = 0°$ 时的波形分析

三相电源的电压波形如图 2-13 所示。

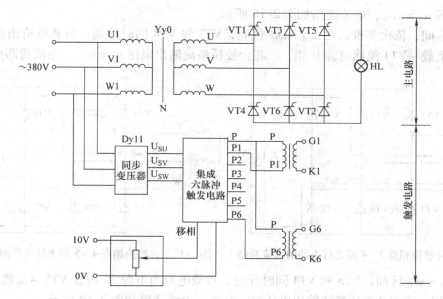

图 2-12　三相全控桥式可控整流调光灯电路

在 $\omega t_1 \sim \omega t_2$ 区间，U 相电压最高，共阴极组的 VT1 被 u_{g1} 触发导通；V 相电压最低，共阳极组的 VT6 被 u_{g6} 触发导通。电流由电源 U 相经 VT1→负载→VT6 流回电源 V 相，整流变压器 U、V 两相工作，三相全控桥输出电压 $u_d = u_{UV}$，电流通路如图 2-14 所示。

在 $\omega t_2 \sim \omega t_3$ 区间，U 相电压仍为最高，VT1

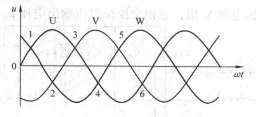

图 2-13　三相电源的电压波形

继续导通；W 相电压最低，VT2 在 $\alpha = 0°$，即：ωt_2 时刻被 u_{g2} 触发导通，VT2 的导通使 VT6 承受 u_{WV} 反压关断。这区间负载电流由电源 U 相经 VT1→负载→VT2 流回电源 W 相，整流变压器 U、W 两相工作，所以三相全控桥输出电压 $u_d = u_{UW}$，电流通路如图 2-15 所示。

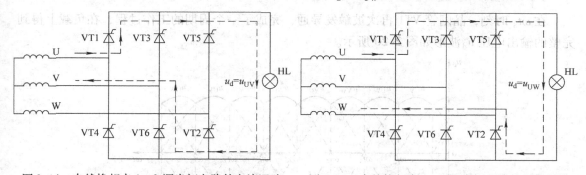

图 2-14　自然换相点 1～2 调光灯电路的电流通路　　图 2-15　自然换相点 2～3 调光灯电路的电流通路

在 $\omega t_3 \sim \omega t_4$ 区间，这时 V 相电压最高，VT3 在 $\alpha = 0°$，即 ωt_3 时刻被 u_{g3} 触发导通，VT1 由于 VT3 的导通而承受 u_{UV} 反压而关断。W 相电压最低，VT2 继续导通，这区间负载电流由电源 V 相经 VT3→负载→VT2 流回电源 W 相，整流变压器 V、W 两相工作，所以三相全控

桥输出电压 $u_d = u_{VW}$，电流通路如图 2-16 所示。

其他区间，依次类推，在 $\omega t_4 \sim \omega t_5$ 区间，VT3 和 VT4 同时导通，负载电流由电源 V 相经 VT3→负载→VT4 流回电源 U 相，三相全控桥整流输出电压 $u_d = u_{VU}$，电流通路如图 2-17 所示。

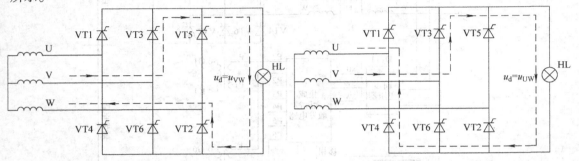

图 2-16　自然换相点 3 ~ 4 调光灯电路的电流通路　　图 2-17　自然换相点 4 ~ 5 调光灯电路的电流通路

在 $\omega t_5 \sim \omega t_6$ 区间，VT5 和 VT4 同时导通，负载电流由电源 W 相经 VT5→负载→VT4 流回电源 U 相，三相全控桥整流输出电压 $u_d = u_{WU}$，电流通路如图 2-18 所示。

在 $\omega t_6 \sim \omega t_7$ 区间，VT5 和 VT4 同时导通，负载电流由电源 W 相经 VT5→负载→VT6 流回电源 V 相，三相全控桥整流输出电压 $u_d = u_{WV}$，电流通路如图 2-19 所示。

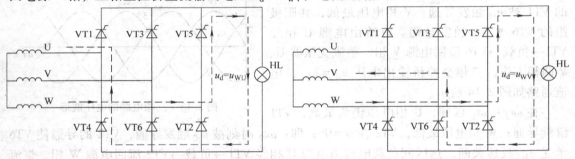

图 2-18　自然换相点 5 ~ 6 调光灯电路的电流通路　　图 2-19　自然换相点 6 ~ 7 调光灯电路的电流通路

在 ωt_8 时刻，晶闸管 VT1 再次被触发导通，完成了一个周期的工作过程，在负载上得到完整的输出电压 u_d 波形如图 2-20 所示。

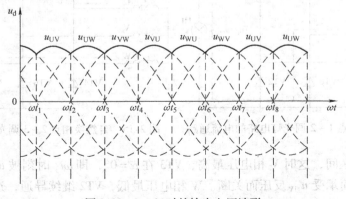

图 2-20　$\alpha = 0°$ 时的输出电压波形

电路中 6 只晶闸管导通的顺序与输出电压的对应关系如图 2-21 所示。

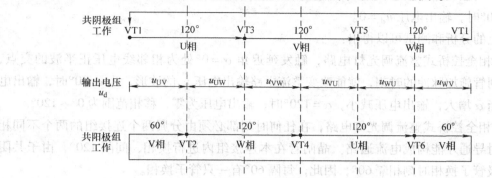

图 2-21　6 只晶闸管导通的顺序与输出电压的对应关系

2. 不同触发延迟角 α 下的电压输出波形

不同触发延迟角 α 下的电压输出波形如图 2-22 所示。

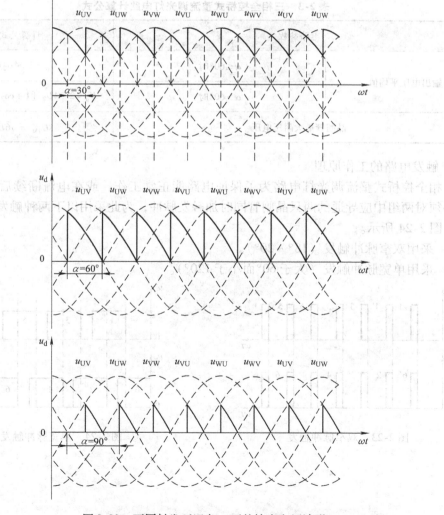

图 2-22　不同触发延迟角 α 下的输出电压波形

显然，当触发脉冲后移到 $\alpha = 120°$，由于晶闸管已不再承受正向电压，无法导通，所以，$\alpha = 120°$时，输出电压 $u_d = 0$。

由以上的分析和测试可以得出：

1）三相全控桥式整流调光灯电路，触发延迟角 $\alpha = 0°$ 处为相邻线电压正半波的交点，改变对晶闸管施加脉冲的时刻，就能改变整流电路输出电压 u_d 的波形，当 $\alpha = 0°$ 时，输出电压最大，当 α 增大，输出电压减小，$\alpha = 120°$ 时，输出电压为零，移相范围为 $0° \sim 120°$。

2）三相全控桥式整流调光灯电路，在任何时刻都必须由分属两个连接组的两个不同相晶闸管同时导通才能构成电流通路。晶闸管在本连接组内进行换相，间隔120°，由于共阴极和共阳极管子换相时刻相隔60°，因此，每隔60°有一只管子换相。

3）输出电压 u_d 比三相半波可控整流调光灯电路增大一倍，其波形由六个不同的线电压组成。$\alpha = 0°$ 时，u_d 为六个线电压的正向包络线，电流连续时，每只晶闸管导电角为120°，电流断续则小于120°，电流连续与断续的分界点为 $\alpha = 60°$。

4）计算公式见表2-3。

表2-3　三相全控桥式整流调光灯电路计算公式

电路参数		计算公式
输出电压平均值	$\alpha \leqslant 60°$时	$U_d = 2.34U_2 \cos\alpha$
	$\alpha > 60°$时	$U_d = 2.34U_2 \left[1 + \cos\left(\pi/3 + \alpha\right) \right]$
晶闸管最大耐压电压		$U_{TM} = \sqrt{6}U_2$

3. 触发电路的工作原理

三相全控桥式整流调光灯电路为了保证电路能正常工作，或在电流断续后再次导通工作，必须对两组中应导通的两只晶闸管同时加触发脉冲，为此采用以下两种触发方式，如图2-23、图2-24所示。

1）采用双窄脉冲触发（$18° \sim 20°$）。

2）采用单宽脉冲触发（大于60°而小于120°）。

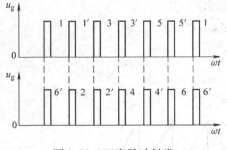

图2-23　双窄脉冲触发

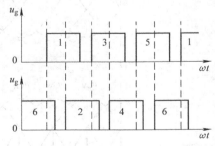

图2-24　单宽脉冲触发

（三）评价标准

评价内容	分值	评分		
		自我评价	小组评价	教师评价
能掌握三相全控整流调光灯电路的组成	20			
能掌握三相全控整流调光灯电路的工作原理	20			
能掌握三相全控整流调光灯电路对触发脉冲的要求	20			
安全意识	10			
团结协作	10			
自主学习能力	10			
语言表达能力	10			
合计				

学习活动3　制订工作计划

一、设计三相全控整流调光灯电路

根据相关知识学习中的相关内容，设计并画出三相全控整流调光灯电路。

二、列出材料计划清单

根据你设计的电路，列出所需材料清单。

序号	名称	规格型号	数量	备注

学习活动4　任务实施

一、安全技术措施

1）安装前，必须做好各项准备工作，检查各工具、仪器是否完好。

2）所有人员必须听从指导教师和小组项目负责人的统一指挥，不得私自操作。

3）严格按照技术规范进行安装。

4）通电前，安全负责人要认真检查线路，并在指导教师允许后，方可通电。

5）安装调试结束后，质量验收负责人要向指导教师汇报安装调试结果，并整理操作台。

二、工艺要求

1）元器件布置要合理，便于连接线路。

2）电路连线工艺要美观，走线横平竖直，尽量减少跨线。

三、技术规范

1）采用 AC 380V 电压供电。

2）整流变压器和同步变压器二次测输出电压波动不能超过 ±5%。

3）励磁电流必须是额定值，不能出现波动。

4）调试前应将电位器调到最大值，通电后慢慢调节电位器，断电前应将转速调整到零。

四、任务实施

1）在实训台上对电路中使用的元器件进行检测。

2）按照原理图在实训台上连接电路。

3）线路检查。通电调试前一定要认真检查线路，确认无误并经教师允许后方可通电。

4）通电调试。接通电源，调节电位器，看电路是否正常工作，各点波形是否正确。通电调试结束后切断电源。

5）对调试过程中出现的故障进行排除，并记录。

故障检查修复记录

检修步骤	过程记录
观察到的故障现象	
分析故障现象原因	
确定故障范围，找到故障点	
排除故障	

五、评价标准

评价内容	分值	评分		
		自我评价	小组评价	教师评价
能正确检测与筛选元器件	20			
能按电路图正确接线	20			
正常运转无故障	30			
出现故障正常排除	10			
遵守安全文明生产规程	10			
施工完成后认真清理现场	10			
合计				

学习活动5　总结与评价

参照表1-5进行综合评价。

 习题

一、填空题

1. 单宽脉冲，每个触发脉冲的宽度大于（　　　）而小于（　　　）。

2. 三相全控桥式整流调光灯电路主电路由（　　　）只晶闸管构成，其中晶闸管 VT1、VT3、VT5 的（　　　）接在一起，某一时刻，谁的阳极电压（　　　），谁导通；VT4、VT6、VT2 的（　　　）接在一起，某一时刻，谁的阴极电压（　　　），谁导通。

3. 三相电源相电压正半波的相邻交点和负半波的相邻交点之间是（　　　），因此，每隔（　　　）有一只晶闸管换相。

4. 三相全控桥式整流调光灯电路为了保证电路能正常工作，采用两种触发方式，即（　　　）触发和（　　　）触发。

二、选择题

1. 三相全控桥式整流调光灯电路在 $\alpha \leqslant 60°$ 时输出的平均电压为（　　　）。

A. $1.17U_2\cos\alpha$　　B. $2.34U_2\cos\alpha$　　C. $1.17U_2\sin\alpha$　　D. $2.34U_2\sin\alpha$

2. 三相全控桥式整流电路的触发方式不能采用（　　　）方式。

A. 单窄脉冲　　　B. 双窄脉冲　　　C. 单宽脉冲　　　D. 双宽脉冲

3. 在三相桥式全控整流电路中（　　　）。

A. 晶闸管上承受的电压是三相相电压的峰值，负载电压也是相电压

B. 晶闸管上承受的电压是三相线电压的峰值，负载电压也是线电压

C. 晶闸管上承受的电压是三相相电压的峰值，负载电压是线电压

D. 晶闸管上承受的电压是三相线电压的峰值，负载电压是相电压

三、判断题

（　　　）1. 三相全控桥式整流调光灯电路中，每只晶闸管承受的最高正反向电压为变压器二次相电压的最大值。

（　　　）2. 三相全控桥式整流调光灯电路中，在 $\alpha \leqslant 60°$ 时每只晶闸管流过的平均电流值是负载电流的1/3。

（　　　）3. 三相全控桥式整流调光灯电路中输出电压的波形由六个不同的相电压组成，$\alpha = 0°$ 时，为六个相电压的正向包络线。

（　　　）4. 三相全控桥式整流调光灯电路，在任何时候都必须由分属两个连接组的两只不同相的晶闸管同时导通，才能构成电流通路。

四、简答题

在三相全控桥式整流调光灯电路中，移相范围是多少？元器件承受的最大正反向电压是多少？

五、画图题

画出三相全控整流直流电动机调速电路触发延迟角 $\alpha = 0°$、30°、60°、90°时的输出电压

波形。

子任务三　三相直流电动机调速电路的安装与调试

学习目标：

1. 能掌握三相可控整流感性负载电路的工作原理。
2. 能掌握三相可控整流感性负载电路中续流二极管的作用。
3. 能正确连接并调试三相直流电动机调速电路。
4. 能对调试过程中出现的故障进行检修排除。

情景描述

三相可控整流调光灯电路中的负载为阻性负载，实际应用中，有许多负载是感性负载，如三相可控整流电路被广泛应用在大功率直流电动机调速系统中。

学习活动1　明确工作任务

本任务以直流电动机调速电路的安装与调试为例，学习掌握三相可控整流感性负载电路的组成、工作原理及续流二极管的作用。

学习活动2　学习相关知识

（一）引导问题

1. 三相全控整流感性负载电路如图2-25所示，分析触发延迟角 $\alpha=0°$ 时工作过程及输出电压波形。

2. 三相全控整流感性负载电路中，分析触发延迟角 $\alpha\leqslant60°$ 时的波形怎样。

3. 三相全控整流感性负载电路中，分析触发延迟角 $\alpha\geqslant60°$ （以 $\alpha=90°$ 为例分析）的波形。

4. 三相全控整流感性负载电路中，分析触发延迟角 $\alpha\geqslant60°$ 时输出电压波形出现负值，使平均电压下降，如何解决？

（二）咨询资料

三相全控整流感性负载电路如图2-25所示。

三相全控整流感性负载电路在结构上除了负载不同之外，其余部分与三相全控桥式整流调光灯电路的主电路相同，如图2-25所示。工作过程中任何时刻必须在共阴极组和共阳极组中各有一只晶闸管导通，才能使整流电流流通，负载端有输出电压，同样各线电压正半波的交点1～6就是三相全控桥电路6只晶闸管VT1～VT6的 $\alpha=0°$ 的点。

1. $\alpha\leqslant60°$ 时的波形分析

当 $\alpha\leqslant60°$ 时，输出电压 u_{d} 和晶闸管两端承受电压 u_{VT} 的波形与三相全控桥式整流调光

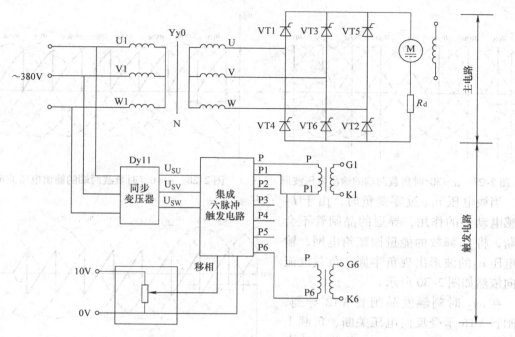

图 2-25　三相全控整流感性负载电路

灯电路相应时刻的波形相同，每个周期负载上的电压波形是由六个相同形状，不同线电压组成的波形，每只管子导通 120°；由于电流连续，晶闸管在一个周期内，当管子本身导通时 $u_{VT}=0$；同组相邻管子导通时，它将承受相应线电压波形的某一段，可按三相全控桥式整流调光灯电路的分析方法进行分析。

图 2-26 所示为 $\alpha=0°$ 时负载两端的输出电压波形。

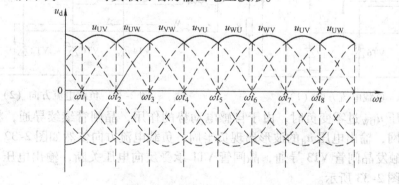

图 2-26　$\alpha=0°$ 时负载两端的输出电压波形

图 2-27 所示为 $\alpha=30°$ 时负载两端的输出电压波形。

图 2-28 所示为 $\alpha=60°$ 时负载两端的输出电压波形。

2. $\alpha\geq60°$ 时的波形分析（以 $\alpha=90°$ 为例来分析）

$\alpha=90°$ 负载两端的输出电压波形如图 2-29 所示。

它的工作过程是：在 ωt_1 时刻加入触发脉冲触发晶闸管 VT1 导通。晶闸管 VT6 此时已处于导通状态，忽略管压降，负载上得到的输出电压 $u_d=u_{UV}$，负载电流方向如图 2-30 所示。

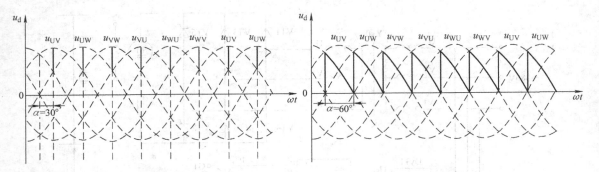

图2-27　$\alpha=30°$时负载两端的输出电压波形

图2-28　$\alpha=60°$时负载两端的输出电压波形

当线电压 u_{UV} 过零变负时，由于 L_d 自感电动势的作用，导通的晶闸管不会关断，将 L_d 释放的能量回馈给电网，输出电压 u_d 的波形出现负半周，负载电流方向依然如图2-30所示。

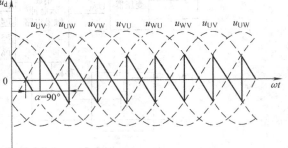

图2-29　$\alpha=90°$时负载两端的输出电压波形

在 ωt_2 时刻触发晶闸管 VT2 导通，晶闸管 VT6 承受反向电压关断，负载上得到的输出电压 $u_d=u_{UW}$，负载电流方向如图2-31所示。

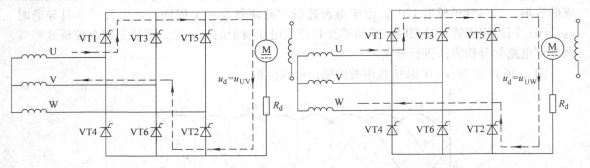

图2-30　负载电流方向（1）

图2-31　负载电流方向（2）

同样当线电压 u_{UW} 过零变负时，由于自感电动势的作用，晶闸管继续导通，将 L_d 释放的能量回馈给电网，输出电压 u_d 的波形出现负半周，负载电流方向依然如图2-32所示。

在 ωt_3 时刻触发晶闸管 VT3 导通，晶闸管 VT1 承受反向电压关断，输出电压 $u_d=u_{VW}$，负载电流方向如图2-33所示。

当线电压 u_{VW} 过零变负时，在自感电动势的作用下，输出电压 u_d 的波形出现负半周，负载电流方向依然如图2-33所示。

在 ωt_4 时刻触发晶闸管 VT4 导通，晶闸管 VT2 承受反向电压关断，输出电压 $u_d=u_{VU}$，负载电流方向如图2-33所示。

当线电压 u_{VU} 过零变负时，在自感电动势的作用下，输出电压 u_d 的波形出现负半周，负载电流方向依然如图2-33所示。

在 ωt_5 时刻触发晶闸管 VT5 导通，晶闸管 VT3 承受反向电压关断，输出电压 $u_d=u_{WU}$，负载电流方向如图2-34所示。

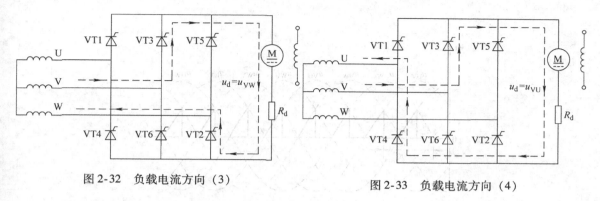

图 2-32　负载电流方向（3）　　　　　　　　图 2-33　负载电流方向（4）

当线电压 u_{WU} 过零变负时，在自感电动势的作用下，输出电压 u_d 的波形出现负半周，负载电流方向依然如图 2-34 所示。

在 ωt_6 时刻触发晶闸管 VT6 导通，晶闸管 VT4 承受反向电压关断，输出电压 $u_d = u_{WV}$，负载电流方向如图 2-35 所示。

当线电压 u_{WV} 过零变负时，在自感电动势的作用下，输出电压 u_d 的波形出现负半周，负载电流方向依然如图 2-35 所示。

在 ωt_7 时刻再次触发晶闸管 VT1 导通，输出电压 $u_d = u_{UV}$，至此完成一个周期的工作，在负载上得到一个完整的波形。

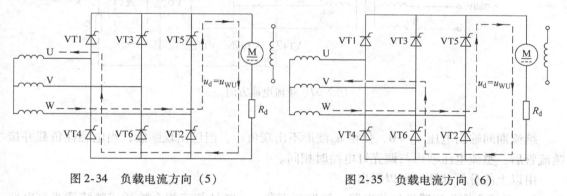

图 2-34　负载电流方向（5）　　　　　　　　图 2-35　负载电流方向（6）

显然，当触发脉冲后移到 $\alpha = 90°$ 时，u_d 波形正压部分与负压部分近似相等，输出电压平均值 $u_d \approx 0$。

3. 负载两端并接续流二极管的简单分析

三相全控整流感性负载电路，当 $\alpha > 60°$ 时，输出电压 u_d 的波形出现负值，使平均电压 u_d 下降，可在大电感负载两端并接续流二极管 VD，以提高输出平均电压 u_d 值，同时扩大移相范围并使负载电流 i_d 更平稳。

工作过程简单分析：

当 $\alpha \leqslant 60°$ 时，输出电压 u_d 的波形和各电量计算与大电感负载不接续流二极管时相同，且连续均为正压，续流二极管 VD 不起作用，每相晶闸管导通 $120°$。

当 $\alpha > 60°$ 时，以 $\alpha = 90°$ 时的理论波形如图 2-36 所示。

当三相电源线电压过零变负时，电感 L_d 中的感应电动势使续流二极管 VD 承受正向电

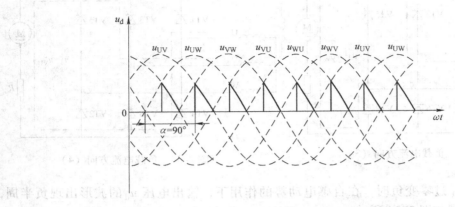

图 2-36　α = 90°时的理论波形

压而导通进行续流，续流电流方向如图 2-37 所示。

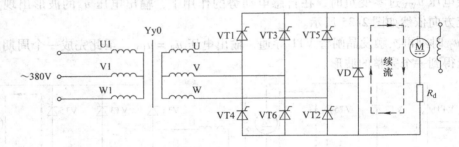

图 2-37　续流电流方向

续流期间输出电压 $u_d = 0$，使得 u_d 波形不出现负压，但已出现断续，当电感性负载并接续流管后，整流电压波形与调光灯电路时相同。

由以上的分析和测试可以得出：

1）三相全控整流感性负载电路，触发延迟角 $\alpha = 0°$ 处与三相全控桥式整流调光灯电路一样，是相邻线电压正半波的交点。

2）三相全控整流感性负载电路在 $\alpha \leqslant 90°$ 时，电流是连续的。

3）输出电压 u_d 在 $0° \leqslant \alpha \leqslant 90°$ 范围内波形连续，当 $\alpha > 60°$ 时，波形出现负半周。

4）负载两端并接续流二极管电路的计算公式见表 2-4。

表 2-4　负载两端并接续流二极管电路的计算公式

电路参数		计算公式
输出电压平均值	$\alpha \leqslant 60°$ 时	$U_d = 2.34U_2\cos\alpha$
	$\alpha > 60°$ 时	$U_d = 2.34U_2[1 + \cos(\pi/3 + \alpha)]$
晶闸管最大耐压电压		$U_{TM} = \sqrt{6}U_2$

（三）评价标准

评价内容	分值	评分		
		自我评价	小组评价	教师评价
能掌握三相全控整流感性负载电路的组成	20			
能掌握三相全控整流感性负载电路的工作原理	30			
能掌握负载两端并接续流二极管的作用	10			
安全意识	10			
团结协作	10			
自主学习能力	10			
语言表达能力	10			
合计				

◆ 知识拓展

【三相半波可控整流感性负载电路】

三相半波整流感性负载电路如图 2-38 所示。

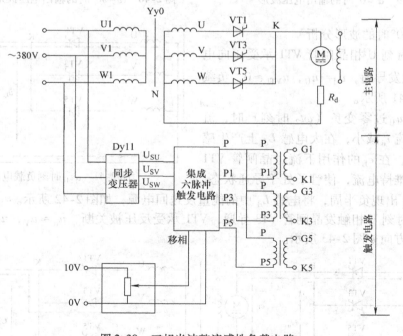

图 2-38 三相半波整流感性负载电路

三相半波整流感性负载电路主电路采用三只晶闸管 VT1、VT3、VT5 的阴极在一起的共阴极接法，电感 L_d 足够大，且满足 $\omega L_d > R_d$，各相晶闸管移相控制触发延迟角 α 的起始点，即 $\alpha = 0°$ 点，在自然换相点。

1. $\alpha = 0°$时的波形分析

$\alpha = 0°$时刻，三相半波整流感性负载电路负载两端的波形和晶闸管 VT1 两端的波形与三相半波可控整流调光灯电路相同：在自然换相点 1 时，触发电路送出脉冲 u_{g1}，VT1 被触发导通，忽略管压降输出电压 $u_d \approx u_U$ 晶闸管 VT1 两端承受电压 $u_{VT1} \approx 0$；在经过 3 交点时，触发电路送出脉冲 u_{g3}，则 VT3 导通，VT1 承受 U_{UV} 反压而关断，输出电压 $u_d \approx u_V$，晶闸管 VT1 两端承受电压 $u_{VT1} \approx u_{UV}$；经过 5 交点时，触发电路送出脉冲 u_{g5}，则 VT5 导通，VT3 承受 U_{VW} 反压而关断，输出电压 $u_d \approx u_W$，晶闸管 VT1 两端承受电压 $u_{VT1} \approx u_{UW}$；至此完成一个周期的工作过程。其输出电压波形如图 2-39 所示。

2. $\alpha = 30°$时的波形分析

在 $\alpha = 30°$时刻，负载两端的输出电压 u_d 波形连续，各相晶闸管依次导通 $120°$，工作过程依照 $\alpha = 0°$时刻方法分析。其输出电压波形如图 2-40 所示。

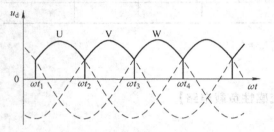

图 2-39　$\alpha = 0°$时的输出电压波形

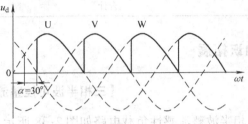

图 2-40　$\alpha = 30°$时的输出电压波形

3. $\alpha = 60°$时的波形分析

在 ωt_1 时刻 U 相晶闸管 VT1 承受正向电压，被 u_{g1} 触发导通，$u_d \approx u_U$，$u_{VT1} \approx 0$，负载电流如图 2-41 所示。

当电压 u_U 过零变负（ωt_2 时刻）时，流过负载的电流 i_d 减小，在大电感 L_d 上产生感应电动势 e_L，在 e_L 的作用下流过晶闸管 VT1 的电流大于维持电流，使管子处于导通状态，负载电压 U_d 出现负半周，将电感 L_d 中的能量反送回电源，如图 2-42 所示。

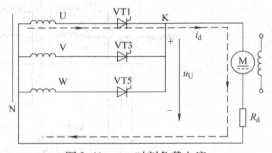

图 2-41　ωt_1 时刻负载电流

在 ωt_3 时刻 V 相触发晶闸管 VT3 导通，VT1 承受反压被关断，$u_d \approx u_V$，$u_{VT1} \approx u_{UV}$，负载电流 i_d 的方向如图 2-43 所示。

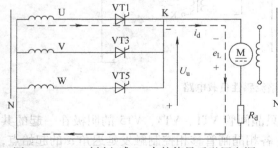

图 2-42　ωt_2 时刻电感 L_d 中的能量反送回电源

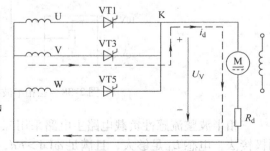

图 2-43　ωt_3 时刻负载电流

当电压 u_V 过零变负（ωt_4 时刻）时，同样在大电感 L_d 上产生感应电动势 e_L，晶闸管 VT3 保持导通状态，负载电压 U_d 出现负半周，将电感 L_d 中的能量反送回电源，如图 2-44 所示。

在 ωt_5 时刻 W 相触发晶闸管 VT5 导通，VT3 承受反压被关断，$u_d \approx u_W$，$u_{VT1} \approx u_{UW}$，负载电流如图 2-45 所示。

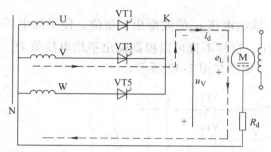

图 2-44　ωt_4 时刻电感 L_d 中的能量反送回电源

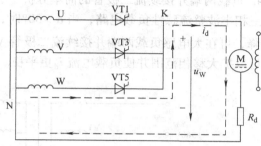

图 2-45　ωt_5 时刻负载电流

当电压 u_W 过零变负（ωt_6 时刻）时，同样在大电感 L_d 上产生感应电动势 e_L，晶闸管 VT5 保持导通状态，负载电压 u_d 出现负半周，将电感 L_d 中的能量反送回电源，如图 2-46 所示。

至此完成一个周期的循环，在负载上得到一个完整的输出电压波形，如图 2-47 所示。

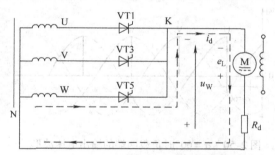

图 2-46　ωt_6 时刻电感 L_d 中的能量反送回电源

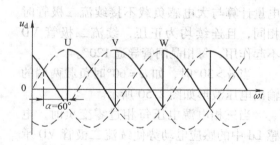

图 2-47　$\alpha = 60°$ 时的输出电压波形

显然，当触发脉冲后移到 $\alpha = 90°$ 时，u_d 波形正压部分与负压部分近似相等，输出电压平均值为 0。如图 2-48 所示为 $\alpha = 90°$ 时的输出电压波形。

由以上的分析和测试可以得出：

1）三相半波整流感性负载电路，在不接续流管的情况下，当 $\omega L_d \gg R_d$，$\alpha \le 90°$，u_d 波形连续时，一个周期各相晶闸管轮流导通 120°。

2）移相范围为 $\alpha = 0° \sim 90°$。

3）三相半波整流感性负载电路的计算公式见表 2-5。

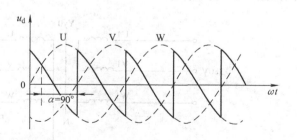

图 2-48　$\alpha = 90°$ 时的输出电压波形

表 2-5　三相半波整流感性负载电路的计算公式

电路参数		计算公式
输出电压平均值	$0° \leqslant \alpha \leqslant 90°$	$U_d = 1.17U_2\cos\alpha$
晶闸管最大耐压电压		$U_{TM} = \sqrt{6}U_2$

4. 负载两端并接续流二极管的简单分析

三相半波整流感性负载电路，当 $\alpha > 30°$ 时，输出电压 u_d 的波形出现负值，使平均电压 U_d 下降，可在大电感负载两端并接续流二极管 VD，这样不仅可以提高输出平均电压值 U_d，而且可以扩大移相范围并使负载电流 i_d 更平稳。主电路如图 2-49 所示。

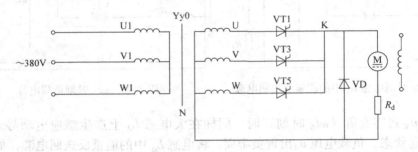

图 2-49　三相半波可控整流大电感负载两端并接续流管主电路

当 $\alpha \leqslant 30°$ 时，输出电压 u_d 的波形和各电量计算与大电感负载不接续流二极管时相同，且连续均为正压，续流二极管 VD 不起作用，每相晶闸管导通 120°。

当 $\alpha > 30°$ 时，如 $\alpha = 60°$ 时负载两端的输出电压波形如图 2-50 所示。

当三相电源电压每相过零变负时，电感 Ld 中的感应电动势使续流二极管 VD 承受正向电压而导通进行续流，续流电流方向如图 2-51 所示。

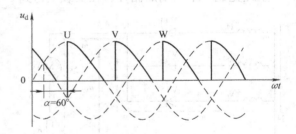

图 2-50　$\alpha = 60°$ 时负载两端的输出电压波形

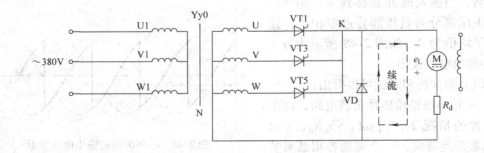

图 2-51　续流电流方向

续流期间输出电压 $U_d = 0$，使得 u_d 波形不出现负压，但已出现断续。当电感性负载并接续流管时，整流电压波形与调光灯电路时相同。

负载两端并接续流二极管电路的计算公式见表2-6。

表2-6 负载两端并接续流二极管电路的计算公式

电路参数	计算公式
输出电压平均值	$U_d = 1.17U_2\cos\alpha$ （$\alpha \leqslant 30°$） $U_d = 0.675U_2[1 + \cos(\pi/6 + \alpha)]$ （$30° \leqslant \alpha \leqslant 150°$）
晶闸管两端承受的电压 U_{TM}	$U_{TM} = \sqrt{6}U_2$

学习活动3 制订工作计划

一、设计直流电动机调速电路

根据相关知识学习中的相关内容，设计并画出直流电动机调速电路。

二、列出材料计划清单

根据你设计的电路，列出所需材料清单。

序号	名称	规格型号	数量	备注

学习活动4 任务实施

一、安全技术措施

1）安装前，必须做好各项准备工作，检查各工具、仪器是否完好。

2）所有人员必须听从指导教师和小组项目负责人的统一指挥，不得私自操作。

3）严格按照技术规范进行安装。

4）通电前，安全负责人要认真检查线路，并在指导教师允许后，方可通电。

5）安装调试结束后，质量验收负责人要向指导教师汇报安装调试结果，并整理操作台。

二、工艺要求

1）元器件布置要合理，便于连接线路。

2）电路连线工艺要美观，走线横平竖直，尽量减少跨线。

三、技术规范

1）采用 AC 380V 电压供电。

2）整流变压器和同步变压器二次测输出电压波动不能超过 ±5%。

3）励磁电流必须是额定值，不能出现波动。

4）调试前应将电位器调到最大值，通电后慢慢调节电位器，断电前应将转速调整到零。

四、任务实施

1）在实训台上对电路中使用的元器件进行检测。

2）按照电路图连接整流变压器和同步变压器。

3）连接主电路、触发电路。

4）对电路进行检查，确保电路连线正确。

5）通电调试。接通电源，调节电位器，看电路是否正常工作，各点波形是否正确，观察电动机转速变化，通电调试完毕后切断电源。

6）对调试过程中出现的故障进行排除，并记录。

故障检查修复记录

检修步骤	过程记录
观察到的故障现象	
分析故障现象原因	
确定故障范围，找到故障点	
排除故障	

五、评价标准

评价内容	分值	评分		
		自我评价	小组评价	教师评价
能正确检测与筛选元器件	20			
能按照电路图正确接线	20			
正常运转无故障	30			
出现故障后能正常排除	10			
遵守安全文明生产规程	10			
施工完成后认真清理现场	10			
合计				

学习活动5　总结与评价

参照表1-5进行综合评价。

习题

一、填空题

1. 在三相半波可控整流大电感负载电路中，每只晶闸管的导通角为（　　）。

A. 30°　　　　　　B. 60°　　　　　　C. 90°　　　　　　D. 120°

2. 在三相半波可控整流大电感负载电路中，当触发延迟角为（　　）时输出电压平均值 U_d 为零。

A. 60°　　　　　　B. 90°　　　　　　C. 120°　　　　　　D. 180°

3. 在三相半波可控整流大电感负载电路中，晶闸管承受的最大正向电压是（　　）。

A. $2.828U_2$　　　B. $1.414U_2$　　　C. $2.45U_2$　　　D. $1.732U_2$

4. 在三相半波可控整流大电感负载电路中，输出电压 u_d 在（　　）时出现负半周。

A. $\alpha \geqslant 30°$　　　B. $\alpha \geqslant 45°$　　　C. $\alpha \geqslant 60°$　　　D. $\alpha \geqslant 90°$

二、判断题

（　　）1. 三相半波可控整流大电感负载电路，当 $\alpha > 30°$ 时，可在负载两端并接续流二极管 VD 降低输出平均电压 U_d 的值。

（　　）2. 三相半波可控整流大电感负载电路，当电感性负载并接续流二极管时，整流电压波形与调光灯电路时相同。

（　　）3. 三相半波可控整流大电感负载电路中，当电感性负载并接续流二极管时，续流二极管在一个周期内将导通三次，总的导通角 $\theta_D = 90°$。

（　　）4. 三相半波可控整流大电感负载电路的移相范围为 $\alpha = 0° \sim 150°$。

三、简答题

三相全控桥式整流大电感负载电路，当 $\alpha > 60°$ 时，会出现什么问题？怎样解决？

四、画图题

画出三相全控整流直流电动机调速电路触发延迟角为 $\alpha = 0°$、30°、60°、90°时的输出电压波形。

逆变电路的安装与调试

学习目标：

1. 能掌握逆变概念及逆变电路的分类。
2. 能掌握逆变电路组成及逆变电路使用的元器件。
3. 能掌握逆变电路的工作原理。
4. 能掌握 IGBT 驱动电路。
5. 能正确连接并调试无源逆变电路。
6. 能对调试过程中出现的故障进行检修排除。

情景描述

　　逆变电路与整流电路相对应，把直流电变成交流电称为逆变。逆变电路的应用非常广泛。在已有的各种电源中，蓄电池、干电池、太阳电池等都是直流电源，当需要这些电源向交流负载供电时，就需要逆变电路。另外，交流电动机调速用变频器、不间断电源、感应加热电源等电力电子装置使用非常广泛，其电路的核心部分都是逆变电路。

学习活动 1　明确工作任务

　　逆变就是把直流电变成交流电。将直流电逆变成与交流电网同频率的交流电反送到电网去，称为有源逆变。如直流电动机的可逆调速、绕线转子异步电动机的串级调速、高压直流输电和太阳能发电等方面。当交流侧直接和负载连接，即将直流电逆变成某一频率或可变频率的交流电供给负载，称为无源逆变。它在交流电动机变频调速、感应加热、不间断电源等方面应用十分广泛，是构成电力电子技术的重要内容。本任务我们学习有源逆变及其实现条件，还要学习无源逆变电路及其工作原理。

学习活动 2　学习相关知识

一、有源逆变

（一）引导问题

1. 什么叫有源逆变？

2. 直流卷扬系统的工作过程是怎样的？

3. 实现有源逆变的条件有哪些？

（二）咨询资料

1. 整流与逆变的关系

前面曾讨论过把交流电能通过晶闸管变换为直流电能并供给负载的可控整流电路。但在生产实际中，往往还会出现需要将直流电变换为交流电的情况。例如，应用晶闸管的电力机车，当机车下坡运行时，机车上的直流电动机将由于机械能的作用作为直流发电机运行，此时就需要将直流电能变换为交流电能回送电网，以实现制动。又如，运转中的直流电动机，要实现快速制动，较理想的办法是将该直流电动机作为直流发电机运行，并利用晶闸管将直流电能变换为交流电能回送电网，从而实现制动。

相对于整流而言，逆变是它的逆过程，一般习惯上将整流称为顺变，则逆变的含义就十分明显了。下面的有关分析将会说明，整流装置在满足一定条件下可以作为逆变装置应用。即同一套电路，既可以工作在整流状态，也可以工作在逆变状态，这样的电路统称为变流装置。

变流装置如果工作在逆变状态，其交流侧接在交流电网上，电网成为负载，在运行中将直流电能变换为交流电能并回送到电网中去，这样的逆变称为"有源逆变"。

如果逆变状态下的变流装置，其交流侧接至交流负载，在运行中将直流电能变换为某一频率或可调频率的交流电能供给负载，这样的逆变则称为"无源逆变"或变频电路。

2. 电源间能量的变换关系

图 3-1a 表示直流电源 E_1 和 E_2 同极性相连。当 $E_1 > E_2$ 时，回路中的电流为

$$I = \frac{E_1 - E_2}{R}$$

式中 R 为回路的总电阻。此时电源 E_1 输出电能，电源 E_2 吸收电能。注意上述情况中，输出电能的电源其电动势方向与电流方向一致，而吸收电能的电源则两者方向相反。

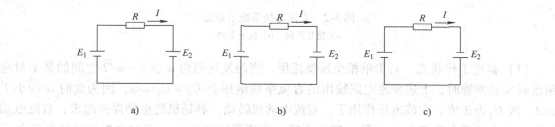

a)　　　　　　　　　　b)　　　　　　　　　　c)

图 3-1　两个电源间能量的传送

a）同极性连接 $E_1 > E_2$　b）同极性连接 $E_2 > E_1$　c）反极性连接

在图 3-1b 中，两个电源的极性均与图 3-1a 中相反，但还是属于两个电源同极性相连的形式。如果电源 $E_2 > E_1$，则电流方向如图，回路中的电流 I 为

$$I = \frac{E_2 - E_1}{R}$$

此时，电源 E_2 输出电能，电源 E_1 吸收电能。

在图 3-1c 中，两个电源反极性相连，则电路中的电流 I 为

$$I = \frac{E_1 + E_2}{R}$$

此时电源 E_1 和 E_2 均输出电能，输出的电能全部消耗在电阻 R 上。若电阻值很小，则电路中的电流必然很大；若 $R = 0$，则形成两个电源短路的情况。

综上所述，可得出以下结论：

1）两电源同极性相连，电流总是从高电动势流向低电动势，其电流的大小取决于两个电动势之差与回路总电阻的比值。如果回路电阻很小，则很小的电动势差也足以形成较大的电流，两电源之间发生较大能量的交换。

2）电流从电源的正极流出，该电源输出电能；而电流从电源的正极流入，该电源吸收电能。电源输出或吸收功率的大小由电动势与电流的乘积来决定，若电动势或者电流方向改变，则电能的传送方向也随之改变。

3）两个电源反极性相连，如果电路的总电阻很小，将形成电源间的短路，应当避免发生这种情况。

3. 有源逆变电路的工作原理

我们以单相整流电路供电的直流电动机带动卷扬机为例，介绍有源逆变电路的工作原理。直流卷扬系统示意图如图 3-2 所示。

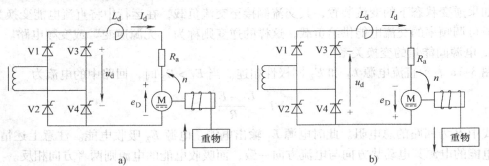

图 3-2　直流卷扬系统示意图

a) 提升重物　b) 放下重物

（1）整流工作状态　对于单相全控整流桥，当触发延迟角 α 在 $0 \sim \pi/2$ 之间的某个对应角度触发晶闸管时，上述变流电路输出的直流平均电压为 $U_d = U_2 \cos\alpha$，因为此时 α 均小于 $\pi/2$，故 U_d 为正值。在该电压作用下，直流电动机转动，卷扬机将重物提升起来，直流电动机转动产生的反电动势为 e_D，且 e_D 略小于输出直流平均电压 U_d，此时电枢回路的电流为

$$I_d = \frac{U_d - E_D}{R}$$

（2）中间状态（$\alpha = \pi/2$）　当卷扬机将重物提升到要求高度时，自然就需在某个位置停住，这时只要将触发延迟角 α 调到等于 $\pi/2$ 的位置，变流器输出电压波形中，其正、负面积相等，电压平均值 U_d 为零，电动机停转（实际上采用电磁抱闸断电制动），反电动势 E_D 也同时为零。此时，虽然 U_d 为零，但仍有微小的直流电流存在。注意，此时电路处于动态平衡状态，与电路切断、电动机停转具有本质的不同。

（3）有源逆变工作状态（$\pi/2 < \alpha < \pi$）　当重物放下时，由于重力对重物的作用，必

将牵动电动机使之向与重物上升相反的方向转动，电动机产生的反电动势 E_D 的极性也将随之反相。如果变流器仍工作在 $\alpha < \pi/2$ 的整流状态，从上面曾分析过的电源能量流转关系不难看出，此时将发生电源间类似短路的情况。为此，只能让变流器工作在 $\alpha > \pi/2$ 的状态，因为当 $\alpha > \pi/2$ 时，其输出直流平均电压 U_d 为负，出现类似图 3-1b 中两电源极性同时反向的情况，此时如果能满足 $E_D > U_d$，则回路中的电流为

$$I_d = \frac{E_D - U_d}{R}$$

电流的方向是从电动势 E_D 的正极流出，从电压 U_d 的正极流入，电流方向未变。显然，这时电动机为发电状态运行，对外输出电能，变流器则吸收上述能量并馈送回交流电网去，此时的电路进入到有源逆变工作状态。

随着触发延迟角 α 的变化，电路分别从整流到中间状态，然后进入有源逆变状态。

4. 实现有源逆变的两个条件

（1）外部条件　务必要有一个极性与晶闸管导通方向一致的直流电势源。这种直流电势源可以是直流电动机的电枢电动势，也可以是蓄电池电动势。它是使电能从变流器的直流侧回馈交流电网的源泉，其数值应稍大于变流器直流侧输出的直流平均电压。

（2）内部条件　要求变流器中晶闸管的触发延迟角 $\alpha > \pi/2$，这样才能使变流器直流侧输出一个负的平均电压，以实现直流电源的能量向交流电网的流转。

上述两个条件必须同时具备才能实现有源逆变。

必须指出，对于半控桥或者带有续流二极管的可控整流电路，因为它们在任何情况下均不可能输出负电压，也不允许直流侧出现反极性的直流电动势，所以不能实现有源逆变。

二、无源逆变

（一）引导问题

1. 直流电是怎么变成频率可调的交流电的？
2. 普通开关能承受高频率的关断吗？
3. 在无源逆变电路中常使用什么元器件作为开关？
4. 单相半桥电压型逆变电路的组成及各元器件的作用是什么？

（二）咨询资料

1. 逆变原理

无源逆变电路的工作原理，如图 3-3 所示。

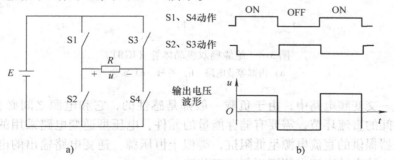

图 3-3　无源逆变电路的工作原理
a）电路构成　b）输出电压波形

当开关 S1、S4 与 S2、S3 轮流闭合和断开时，在负载上即可得到如图 3-3b 所示的输出电压波形，并完成直流到交流的逆变过程。改变开关闭合和断开的时间，就改变了交流电的频率。

2. 自关断开关

在可控整流、有源逆变等电路中，晶闸管的关断都是依靠阳极所承受的电网交流电压自动过零或依靠相邻晶闸管导通而引入负电压来实现的，这种换相关断形式通常称自然换相关断。

如果采用普通晶闸管组成变频、斩波等电路，通常要采用由 L、C 等元件组成的辅助电路来实现脉冲强迫换相关断。这样不但电路复杂，而且电路耗能大。随着电力电子技术的飞速发展，研制成功了电力晶体管（GTR）、门极关断（GTO）晶闸管、功率场效应晶体管（MOSFET）以及绝缘栅双极晶体管（IGBT）等自关断电力电子器件。

绝缘栅双极晶体管（IGBT）是一种全控型电力电子器件，具有输入阻抗高、工作速度快、通态电压低、阻断电压高、承受电流大等优点，是功率开关电源和逆变器的理想半导体器件，符号与实物如图 3-4 所示，其中 G 为栅极，C 为集电极，E 为发射极。IGBT 的开通和关断是由栅极电压来控制的，当栅极加正向电压时，集电极和发射极之间导通。当栅极加反向电压时，集电极和发射极之间关断。非常适合应用于直流电压为 600V 及以上的变流系统如交流电动机、变频器、开关电源、照明电路、牵引传动等领域。

3. 逆变电路分类

逆变电路从不同的角度有不同的分类方法，按直流侧滤波方式可分为电压型逆变电路和电流型逆变电路。其中电压型逆变电路应用较多。

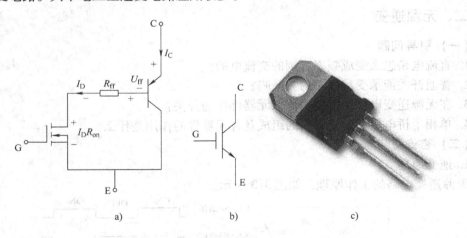

图 3-4　绝缘栅双极晶体管（IGBT）

a）内部等效电路　b）符号　c）实物

在交—直—交变频电路中，由于负载一般都是感性的，它和电源之间必有无功功率传递，因此在中间的直流环节，需要有储存能量的元件，电压型逆变电路采用的是大电容器，因此它为逆变器提供的直流电源呈低阻抗，类似于恒压源。逆变电路输出的电压比较平直，近似为矩形波，输出的交流电流则近似于正弦波。

电压型逆变电路的主要特点是：

1）直流侧为电压源或并联大电容，直流侧电压基本无脉动。

2）输出电压为矩形波，输出电流因负载阻抗不同而不同。

3）阻感负载时需要提供无功功率。为了给交流侧向直流侧反馈的无功功率提供通道，逆变桥各臂并联反馈二极管。

直流侧为电流源的逆变电路称为电流型逆变电路，电流型逆变电路的特点在于直流侧接有大电感，采用大电感来缓冲无功能量。此时为逆变器提供的直流电源呈高阻抗，类似于恒流源。逆变器输出的电流近似为矩形波，输出电压波形由负载阻抗决定，接近于正弦波。电流型逆变器的发展较电压型逆变器晚，但由于它的许多优点，在交—直—交变频电路中，日益受到重视。

电流型逆变电路的主要特点是：

1）直流侧串联大电感，相当于电流源。

2）交流输出电流为矩形波，输出电压波形和相位因负载不同而不同。

3）直流侧电感起缓冲无功能量的作用，不必给开关器件并联反馈二极管。

4. 单相电压型逆变电路

（1）半桥逆变电路

1）电路结构如图3-5a所示。

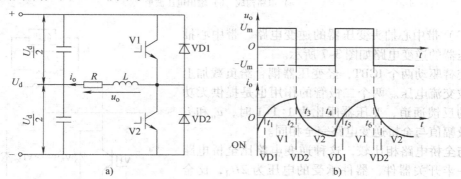

图3-5　单相半桥电压型逆变电路及其工作波形
a）电路结构　b）输出电压波形

2）工作原理：V1 和 V2 栅极信号各半周正偏、半周反偏，互补。u_o 为矩形波，幅值为 $U_m = U_d/2$，i_o 波形随负载而异，感性负载且 V1 或 V2 导通时，i_o 和 u_o 同方向，直流侧向负载提供能量；VD1 或 VD2 导通时，i_o 和 u_o 反向，电感中储能向直流侧反馈，VD1、VD2 称为反馈二极管，还使 i_o 连续，又称为续流二极管。

优点：简单，使用元器件少。

缺点：交流电压幅值 $U_d/2$，直流侧需两电容器串联，要控制两者电压均衡，用于几千瓦以下的小功率逆变电源。

单相全桥、三相桥式都可看成若干个半桥逆变电路的组合。

（2）单相全桥逆变电路　如图3-6a所示，单相全桥逆变电路是两个半桥电路的组合。V1 和 V4 一对，V2 和 V3 另一对，成对桥臂同时导通，交替各导通180°。u_o 的波形如图3-6b所示。比半桥电路的 u_o 幅值高出一倍 $U_m = U_d$。i_o 波形和半桥中的 i_o 相同，幅值增加一倍，单相逆变电路中全桥逆变电路是应用最多的。

如 u_o 为正负各180°时，要改变输出电压有效值只能改变 U_d 来实现。

移相调压方式如图3-6b所示：可采用移相方式调节逆变电路的输出电压，称为移相调压。各栅极信号为180°正偏，180°反偏，且 V1 和 V2 互补，V3 和 V4 互补关系不变。V3 的栅极信号只比 V1 落后 θ（$0 < \theta < 180°$），V3、V4 的栅极信号分别比 V2、V1 的前移 $180° - \theta$，u_o 成为正负各为 θ 的脉冲，改变 θ 即可调节输出电压有效值。

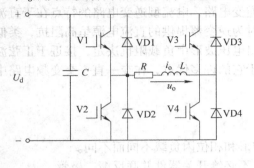

a)

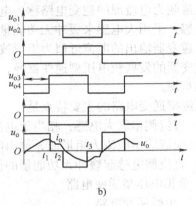

b)

图3-6　单相全桥逆变电路的移相调压方式
a）电路构成　b）输出电压波形

（3）带中心抽头变压器的逆变电路　带中心抽头变压器的逆变电路如图3-7所示。

交替驱动两个IGBT，经变压器耦合给负载加上矩形波交流电压。两个二极管的作用也是提供无功能量的反馈通道，变压器匝比为 $1:1:1$ 时，u_o 和 i_o 波形及幅值与全桥逆变电路完全相同。

与全桥电路相比较，这种逆变电路比全桥电路少用一半开关器件，器件承受的电压为 $2U_d$，比全桥电路高一倍，因而必须有一个变压器。

图3-7　带中心抽头变压器的逆变电路

5. 三相电压型逆变电路

三相电压型逆变电路如图3-8所示，三个单相逆变电路可组合成一个三相逆变电路。应用最广的是三相桥式逆变电路，可看成由三个半桥逆变电路组成。

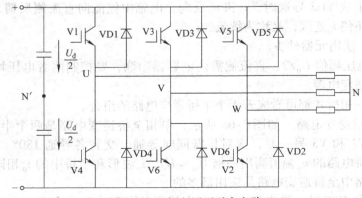

图3-8　三相电压型逆变电路

6. 180°导电方式

每桥臂导通180°，同一相上下两臂交替导通，各相开始导电的角度差120°，任一瞬间有三个桥臂同时导通，每次换相都是在同一相上下两臂之间进行，也称为纵向换相。

7. IGBT驱动电路

IGBT在使用时需要驱动电路，才能使IGBT正常地导通和关断。IGBT驱动电路必须具备两个功能：一是实现控制电路与被驱动IGBT栅极的电隔离；二是提供合适的栅极驱动脉冲。实现电气隔离可采用脉冲变压器。很多厂家设计了专用集成混合驱动芯片作为驱动电路，如M57962L等。

电子器件的驱动电路是电力电子主电路与控制电路之间的接口，是电力电子装置的重要环节，对整个装置的性能有很大的影响。采用性能良好的驱动电路，可使电力电子器件工作在较理想的开关状态，缩短开关时间，减小开关损耗，对装置的运行效率、可靠性和安全都有重要的意义。另外，对电力电子器件或整个装置的一些保护措施也往往就近设在驱动电路中，或者通过驱动电路来实现，这使得驱动电路更为重要。

驱动电路还要提供控制电路与主电路之间的电气隔离环节。一般采用光隔离和磁隔离。光隔离一般采用光耦合器。光耦合器由发光二极管和光敏晶体管组成，封装在一个外壳内。

IGBT的驱动多采用专用的混合集成驱动器。常用的有三菱公司的M579系列（如M57962L和M57959L）和富士公司的EXB系列（如EXB840、EXB841、EXB850和EXB851）。同一系列的不同型号其引脚和接线基本相同，只是被驱动器件的容量和开关频率以及输入电流幅值等参数有所不同。这些混合集成驱动器内部都具有电流检测和保护环节，当发生过电流时能快速响应但慢速关断IGBT，并向外部电路给出故障信号。M57962L输出的正驱动电压均为+15V左右，负驱动电压为-10V。

图3-9所示为M57962L的内部结构框图，采用光耦合器实现电气隔离，光耦合器是快速型的，适合高频开关运行，光耦合器的一次侧已串联限流电阻（约185Ω），可将5V的电压直接加到输入侧。它采用双电源驱动结构，内部集成有2500V高隔离电压的光耦合器和过电流保护电路、过电流保护输出信号端子和与TTL电平相兼容的输入接口，驱动电信号延迟最大为1.5μs。

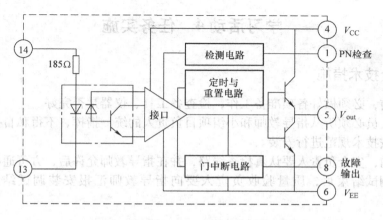

图3-9 M57962L的内部结构框图

（三）评价标准

评价内容	分值	评分		
		自我评价	小组评价	教师评价
能掌握逆变原理及元器件使用	20			
能掌握单相逆变电路组成及各元器件的作用	30			
能掌握 IGBT 驱动电路	10			
安全意识	10			
团结协作	10			
自主学习能力	10			
语言表达能力	10			
合计				

学习活动3 制订工作计划

一、画出三相逆变电路

在学习活动二中，已经学习了无源逆变的概念及各种逆变电路，试设计并画出无源逆变电路。

二、列出材料计划清单

根据你设计的电路，列出所需材料清单。

序号	名称	规格型号	数量	备注

学习活动4 任务实施

一、安全技术措施

1）安装前，必须做好各项准备工作，检查各工具、仪器是否完好。

2）所有人员必须听从指导教师和小组项目负责人的统一指挥，不得私自操作。

3）严格按技术规范进行安装。

4）通电前，安全负责人要认真检查线路，并在指导教师允许后，方可通电。

5）安装调试结束后，质量验收负责人要向指导教师汇报安装调试结果，并整理操作台。

二、工艺要求

1）元器件布置要合理，便于连接线路。

2）电路连线工艺要美观，走线横平竖直，尽量减少跨线。

三、技术规范

1）采用 AC 220V 电压供电。

2）为了防止过电流，能顺利地完成从整流到逆变的过程，应先将 α 调节到大于90°并接近120°的位置，然后将负载电阻 R_d 调至最大值位置。

3）主电路与控制电路需要电的隔离。

四、任务实施

1）在实训台上对电路中使用的元器件进行检测。

2）按照电路图连接主电路。

3）连接驱动电路。

4）对电路进行检查，确保电路连线正确。

5）通电调试，用示波器观察负载两端电压幅值及频率变化。完毕后切断电源。

6）对调试过程中出现的故障进行排除，并记录。

故障检查修复记录

检修步骤	过程记录
观察到的故障现象	
分析故障现象原因	
确定故障范围，找到故障点	
排除故障	

五、评价标准

评价内容	分值	评分		
		自我评价	小组评价	教师评价
能正确检测与筛选元器件	20			
能按电路图正确接线	20			
正常运转无故障	30			
出现故障正常排除	10			
遵守安全文明生产规程	10			
施工完成后认真清理现场	10			
合计				

学习活动5　总结与评价

参照表1-5进行综合评价。

习题

一、填空题

1. 把交流电变成直流电的过程称为（　　　　），把直流电变成交流电的过程称为（　　　）。

2. 逆变分为（　　）逆变和（　　　）逆变。

3. 绝缘栅双极晶体管是一种（　　）型电力电子器件。

二、判断题

（　　）1. 单相全控桥式整流电路能实现有源逆变。

（　　）2. 单相半控桥式整流电路能实现有源逆变。

三、简答题

1. 有源逆变有哪些应用？

2. 无源逆变有哪些应用？

3. 实现有源逆变的条件是什么？

学习任务四

龙门刨床主轴直流调速系统的维修与调试

学习目标：

1. 能掌握直流电动机的调速方法及各种调速方法的特点。
2. 能读懂开环直流调速系统电气原理图。
3. 能掌握晶闸管—电动机开环直流调速的组成及工作原理。
4. 能对照电气原理图在实训台上找出相应的电路及元器件。
5. 能在实训台上独立完成开环直流调速系统电路的连线。
6. 能独立完成开环直流调速系统维修调试操作。

情景描述

在电力拖动系统中，直流电动机具有良好的起动、制动和调速性能，已被广泛应用于轧钢机、矿井卷扬机、挖掘机、金属切削机床、高层电梯等高性能的可控电力拖动系统中。近年来，交流调速系统发展很快，然而直流调速系统在理论上和实际应用中仍然要成熟得多。龙门刨床的主轴采用直流电动机拖动，要求平滑调速，在精度上要求不是很高，采用直流电动机开环调速系统就能满足工艺要求。

学习活动1 明确工作任务

直流电动机有电枢绕组和励磁绕组两套绕组，其中励磁绕组通电产生磁场，电枢绕组在磁场中通电受力旋转。自动控制的直流调速系统中，往往以调节电枢电压作为调速的主要手段，本任务以龙门刨床主轴直流调速系统维修与调试为例，学习开环调压调速系统的组成及工作过程。开环调压直流调速系统如图4-1所示。

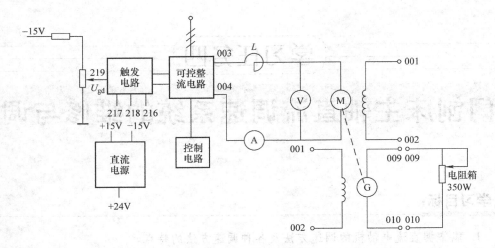

图 4-1 开环调压直流调速系统

学习活动 2 学习相关知识

一、晶闸管—电动机开环调速系统主电路

晶闸管—电动机开环调速系统主电路及继电保护电路如图 4-2 所示。

（一）引导问题

1. 晶闸管—电动机开环调速系统由几部分组成？

2. 晶闸管—电动机开环调速系统有几台变压器？分别由哪个交流接触器控制？

3. 隔离变压器一、二次绕组接线是什么方式？二次绕组有几组？分别供给哪些电路？一、二次电压分别是多少？

4. 控制变压器一次绕组接线是什么方式？一、二次电压分别是多少？

5. 可控整流电路由哪些元器件组成？怎样改变可控整流电路的输出电压？

6. 励磁回路中欠电流继电器有什么作用？

（二）咨询资料

改变电枢电压调速是直流调速的主要方法，而采用晶闸管变流器组成的晶闸管—电动机直流调速开环系统（即 V－M 系统）是目前广泛应用的调速系统，其工作原理如图 4-3 所示。

在这个系统中包括两部分，即主电路和控制电路。要安装和调试开环系统，其主电路由三相全控桥式整流电路、直流电动机及负载电路组成，控制电路由触发电路和给定电路组成，通过调节触发器的控制电压（给定电压），改变触发器输出的触发信号的相位（触发延迟角），使得可控整流电路的输出电压改变，从而对电动机进行调速。

晶闸管—电动机直流调速开环系统由主电路、继电保护电路、直流稳压电源、系统控制电路、速度给定环节、三相移相脉冲触发环节、电动机及负载电路、速度变换器等组成。

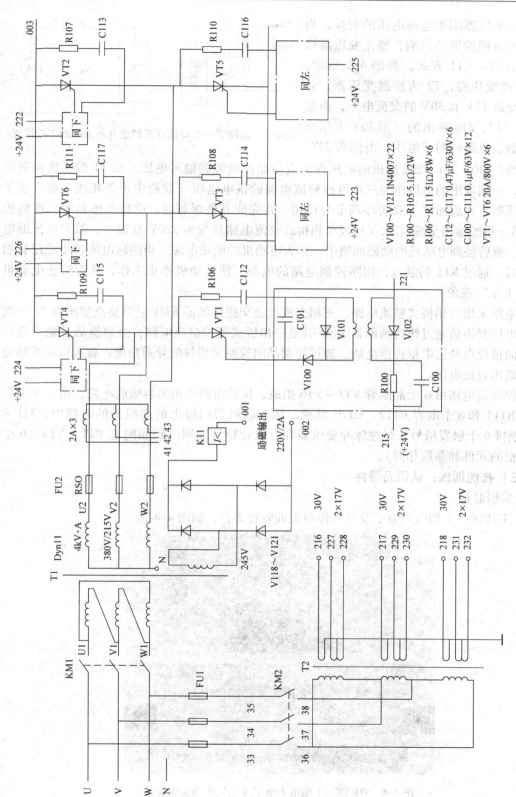

图 4-2　晶闸管—电动机开环调速系统主电路及继电保护系统的工作原理

注：点画线框内电路完全相同。

V100～V121 IN4007×22
R100～R105 5.1Ω/2W
R106～R111 51Ω/8W×6
C112～C117 0.47μF/630V×6
C100～C111 0.1μF/63V×12
VT1～VT6 20A/800V×6

整流变压器用于电源电压的变换。为了减少对电网波形的影响，整流变压器接线采用△／Y0 – 11 方式。如图 4-2 所示，T1 为隔离变压器，T2 为控制变压器，分别产生交流 17V 和 30V 的交流电压，由抽头 216、217、218 输出的三相 30V 电压作为三相触发电路的同步电压。由抽头 227、

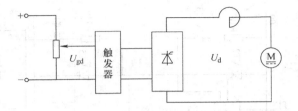

图 4-3　晶闸管—电动机直流调速开环系统的工作原理

228、229、230、231、232 输出的电压作为直流稳压电源的输入电压。在 T1 的二次侧有两组绕组，一组输出的电压作为三相可控整流电路的供电电压（线路中每条相线上都安装了电流互感器，在后面学习双闭环调节时使用。在完成其他课题时，应将互感器的二次侧短路）；另一组的输出交流（245V）经单相桥式整流电路后变为 220V 直流电，接欠电流继电器 K11，然后接到电动机的励磁回路中，作为电动机的励磁电源。当励磁电流较小或没有励磁电流时，通过 K11 的触点，切断控制电路的电源，使电动机停止工作，从而防止电动机出现"飞车"现象。

主电路采用三相桥式整流电路，三相交流电经交流接触器 KM1 引至整流变压器 T1 一次测，经电压变换后通过快速熔断器 RS0 引至三相桥式可控整流电路，经整流后，输出直流电源，向被控电动机电枢提供电能。通过控制晶闸管整流器件的导通角度，就可以调节整流电路的输出直流电压。

可控整流电路由 6 个晶闸管 VT1～VT6 组成，保护电路采用阻容吸收电路，由 6 个电阻 R106～R111 和 6 个电容 C112～C117 组成，接在晶闸管门极上的虚线框的电路中，221～226 分别接 6 个触发信号，经过脉冲变压器和二极管整流分别送到晶闸管 VT1～VT6（6 个点画线框的元件和参数相同）。

（三）技能训练：认识元器件

1. 实训器材

1）THPDC—1 型电力电子及电气传动实训装置 2 台，如图 4-4 所示。

图 4-4　THPDC—1 型电力电子及电气传动实训装置

2）DSC—32—Ⅱ型直流调速（调压）实训控制柜 3 台，如图 4-5 所示。

图 4-5　DSC—32—Ⅱ型直流调速（调压）实训控制柜

DSC—32 型晶闸管直流调速系统实训柜前配电盘如图 4-6 所示。

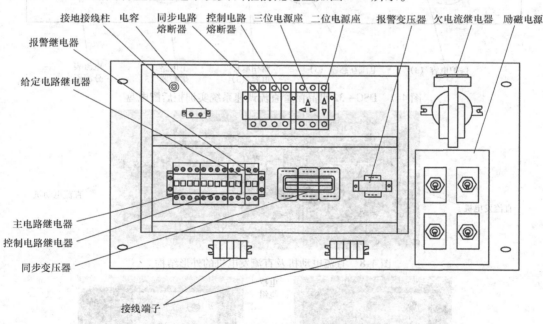

图 4-6　DSC—32 型晶闸管直流调速系统实训柜前配电盘

DSC—32 型晶闸管直流调速系统实训柜后配电盘如图 4-7 所示。

2. 实训内容

1）认识直流电动机和发电机，并观察它们的外形结构，如图 4-8 所示。

2）找出直流电动机和发电机的励磁绕组、电枢绕组，并通过外观标识说明它们的励磁方式，如图 4-9 所示。

3）观察铭牌数据，找出励磁电压、电流、电枢电压、电流值及转速值，如图 4-10 所示。

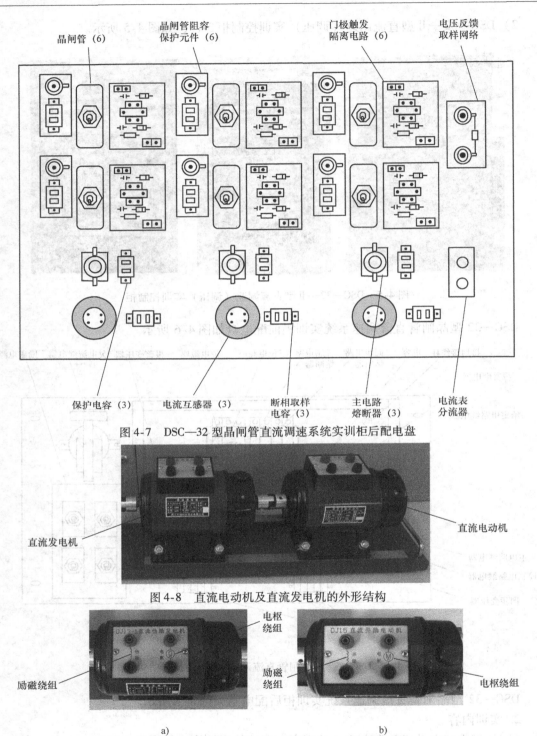

晶闸管（6）　　晶闸管阻容保护元件（6）　　门极触发隔离电路（6）　　电压反馈取样网络

保护电容（3）　　电流互感器（3）　　断相取样电容（3）　　主电路熔断器（3）　　电流表分流器

图 4-7　DSC—32 型晶闸管直流调速系统实训柜后配电盘

直流发电机　　　　　　　　　　　　　　　　　　　　　　直流电动机

图 4-8　直流电动机及直流发电机的外形结构

电枢绕组

励磁绕组　　　　　　　　　　　励磁绕组　　　　　　　　电枢绕组

a)　　　　　　　　　　　　　　b)

图 4-9　直流电动机及直流发电机绕组的外观标识

a）直流发电机　b）直流电动机

4）找出直流电动机和发电机励磁绕组的接线端子，以及电枢绕组的接线端子。

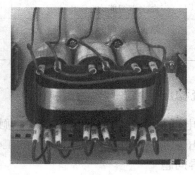

直流发电机					
型号	DJ13-1	电压 U_N (V)	200V	绝缘等级	E
容量	220W	电流 I_N (A)	1.1A	产品编号	
励磁电压	220V	转速 n_N (r/min)	1600		

直流并励电动机					
型号	DJ15	电流 I_N (A)	1.20	励磁电流	I_{fN} <0.13A
功率 P_N (W)	185	转速 n_N (r/min)	1600	绝缘等级	E
电压 U_N (V)	220	励磁电压	U_{fN}=220V	产品编号	

a)   b)

图 4-10 直流电动机及直流发电机的铭牌数据

a）直流发电机 b）直流电动机

5）在实训台上找出隔离变压器与同步变压器，如图 4-11 所示，并且确定变压器的一、二次电压。找出变压器的一、二次接线端。

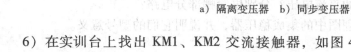

a)   b)

图 4-11 变压器

a）隔离变压器 b）同步变压器

6）在实训台上找出 KM1、KM2 交流接触器，如图 4-12 所示，并且分别确定 KM1、KM2 所控制的变压器。

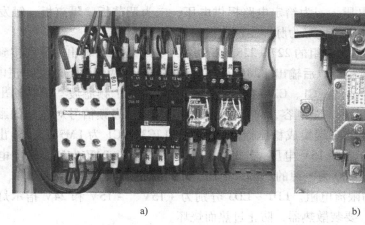

a)   b)

图 4-12 交流接触器及欠电流继电器

a）交流接触器 b）欠电流继电器

7）在实训台上找出 K11 欠电流继电器，如图 4-12 所示，并且确定 K11 所控制的电路，观察 K11 的动作原理。

（四）评价标准

评价内容	分值	评分		
		自我评价	小组评价	教师评价
能掌握直流电动机开环系统主电路的组成	20			
能掌握直流电动机开环系统主电路各部分的作用	20			
能认识直流电动机开环系统主电路各元器件	20			
安全意识	10			
团结协作	10			
自主学习能力	10			
语言表达能力	10			
合计				

二、直流稳压电源

晶闸管－电动机直流调速开环系统中，触发电路及给定电路用到 ±15V 和 24V 直流电压，由直流稳压电源提供。直流稳压电源的工作原理如图 4-13 所示。

（一）引导问题

1. 看图说明直流稳压电源由几部分组成？简要说明各部分的作用。
2. 直流稳压电源输入的交流电由哪台变压器供给？电压多少伏？
3. 直流稳压电源输出多少伏的直流电压？分别供给哪部分电路？
4. 找出直流稳压电源工作原理图中的集成稳压器，并说明它们的型号意义。

（二）咨询资料

如图 4-13 所示，从控制变压器 T2 输出的 17V 交流电压经过整流滤波及三端稳压器稳压变成 ±15V 和 24V 电压，一为给定电路提供电压；二为调节板、隔离板、触发板提供工作直流电源，确保电路工作；三为脉冲变压器提供电源。

由控制变压器 T2 二次绕组的 227、228、229、230、231、232 输出端分别接到该电源的整流电路输入端，经过整流以后输出 ±28V 直流电压，分正负两组进行滤波，正电压经 C1、C3，负电压经 C2、C4 滤波。C1、C2 为电解电容，其作用是工频滤波，提高输出电压，减小电压脉动。C3、C4 为小容量电容，起高频滤波作用，减小高频信号对电路的影响。稳压环节采用输出电压固定的三端集成稳压器 IC1、IC2 和 IC3，IC1 为 LM7815，输出 +15V 电压，IC2 为 LM7915，输出 -15V 电压，IC3 为 LM7824，输出 +24V 电压。输出电压分别从 213、214 和 215 输出，200 为电源的地端，电压指示环节由 R1、R2、R3、LD1、LD2、LD3 组成，R1、R2、R3 为限流电阻。LD1～LD3 分别为 +15V、-15V 和 24V 指示灯。三个稳压集成电路在使用时，要装散热器，防止过热而烧坏。

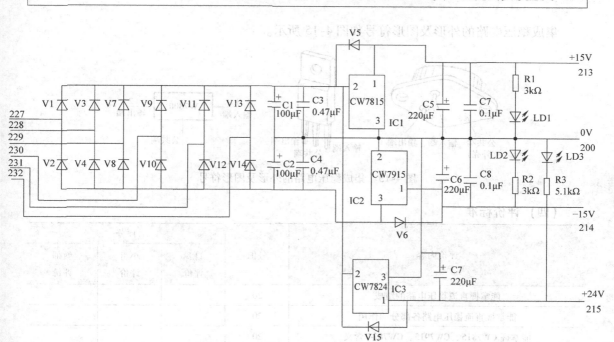

图 4-13　直流稳压电源的工作原理

（三）技能训练：认识元器件

1. 实训器材

1）THPDC—1 型电力电子及电气传动实训装置 2 台。

2）DSC—32—Ⅱ直流调速（调压）实训控制柜 3 台。

2. 实训内容及过程

在实训台上找出直流稳压电源电路板，在电路板找出整流电路、滤波电路、集成稳压块、电源指示灯。直流稳压电源电路板如图 4-14 所示。

图 4-14　直流稳压电源电路板

集成稳压电路的外形及图形符号如图 4-15 所示。

公共端　输入端　输出端
（外壳）

输入端　公共端　输出端

1　输入端　W7800　2　输出端

3 公共端

图 4-15　集成稳压电路的外形及图形符号

（四）评价标准

评价内容	分值	评分		
		自我评价	小组评价	教师评价
能掌握直流稳压电路的组成	20			
能掌握直流稳压电路各部分的作用	20			
能掌握 CW7815、CW7915、CW7824 含义	20			
安全意识	10			
团结协作	10			
自主学习能力	10			
语言表达能力	10			
合计				

三、三相脉冲移相触发电路

三相脉冲移相触发环节是自动调速系统的一个重要的环节，电路原理图如图 4-16 所示。

（一）引导问题

1. 看图说明晶闸管三相脉冲移相触发电路的作用是什么？

2. 三相脉冲移相触发电路的输入信号有哪些？输入信号由哪个电路供给？

3. 三相脉冲移相触发电路 213、214 由哪个电路供给？

4. 找出三相脉冲移相触发电路的输出端，并说明输出供给哪部分电路。

（二）咨询资料

三相脉冲移相触发电路主要为三相可控整流电路提供双窄脉冲。输入信号有三相同步电压、控制电压，输出为 6 个脉冲信号，送门极触发脉冲隔离电路。由直流稳压电源提供 ±15V 工作电源。该触发电路采用 KC04 集成晶闸管移相触发器。KC04 集成电路由同步电压、锯齿波形成、脉冲移相、脉冲形成、脉冲分配和放大输出环节组成。KC04 管脚功能在任务二中已详细介绍。

U_{ta}、U_{tb}、U_{tc} 分别为 A、B、C 三相的同步电压，U_k 为控制电压，U_p 为负偏置电压。同步电压接 KC04 的 8 号脚，控制电压和负偏置电压综合作用于 KC04 的 9 号脚，在 KC04 的 1 和 15 号脚输出正负脉冲加于二极管 D1 ~ D18 组成六个或门，可输出六路双窄脉冲，晶体管 T1 ~ T6 起功率放大作用。在其集电极输出脉冲给脉冲变压器。当同步电压 $u_s = 30V$ 时其有效移相范围为150°。设置 U_p 的作用是当触发电路的控制电压 $U_c = 0$ 时，使晶闸管整流装置输出电压 $U_d = 0$，对应触发延迟角 α 定义为初始相位角。整流电路的形式不同，负载的性质不同，初始相位角 α 不同。

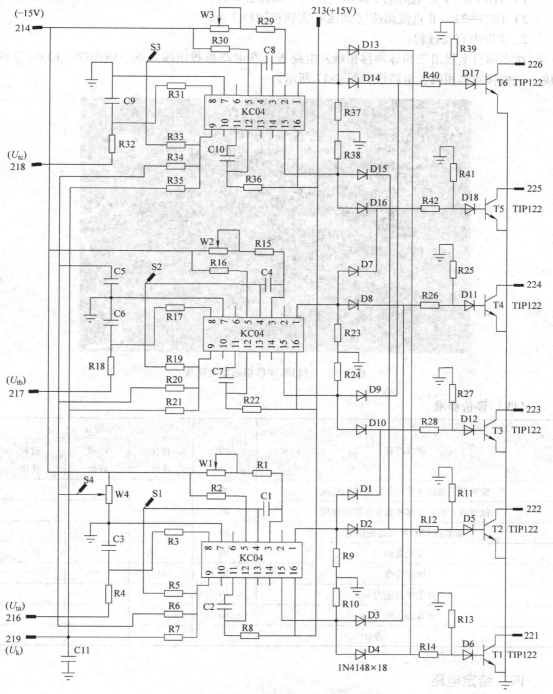

图4-16　三相脉冲移相触发电路原理图

注：图中的文字符号与电路板保持一致，故未按国家标准进行改动。

（三）技能训练：认识元器件

1. 实训器材

1）THPDC—1 型电力电子及电气传动实训装置 2 台。

2）DSC—32—Ⅱ直流调速（调压）实训控制柜 3 台。

2. 实训内容及过程

在实训台上找出三相脉冲移相触发电路板，在电路板找出输入端、输出端、KC04 集成块。三相脉冲移相触发电路板如图 4-17 所示。

图 4-17　三相脉冲移相触发电路板

（四）评价标准

评价内容	分值	评分		
		自我评价	小组评价	教师评价
能掌握三相脉冲移相触发电路的组成	20			
能掌握三相脉冲移相触发电路的作用	20			
能掌握 CKC04 电路的作用	20			
安全意识	10			
团结协作	10			
自主学习能力	10			
语言表达能力	10			
合计				

四、给定电路

（一）引导问题

1. 如图 4-18 所示的给定电路的作用是什么？

2. 给定电路的输入电压由哪部分电路供给？给定电压的极性受控于哪个继电器？

（二）咨询资料

图 4-18 所示为速度给定环节。

根据控制系统的形式不同，其给定值可能为正值，也可能为负值。当 KA 不动作时，给定值为负值；当 KA 动作时，给定值为正值，由中间继电器 KA 控制的给定电源通过一个电阻 R101 加到控制盘上的给定电位器 RP101，调节电位器可得到 0 ~ ±10V 的直流给定电压。给定电压送至触发电路的 219 号端子，作为触发脉冲移相控制电压。

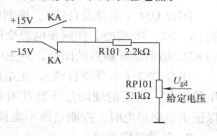

图 4-18 速度给定环节

（三）技能训练：认识元器件

1. 实训器材

1）THPDC—1 型电力电子及电气传动实训装置 2 台。

2）DSC—32—Ⅱ直流调速（调压）实训控制柜 3 台。

2. 实训内容及过程

在实训台上找出给定电路板，在电路板找出输入端、输出端。

五、系统控制电路

（一）引导问题

1. 看图说明系统控制电路由哪几部分组成？

2. 分析系统控制电路工作原理和动作过程是怎样的？

3. 叙述送电顺序和停电顺序是怎样的？

（二）咨询资料

系统控制电路如图 4-19 所示。

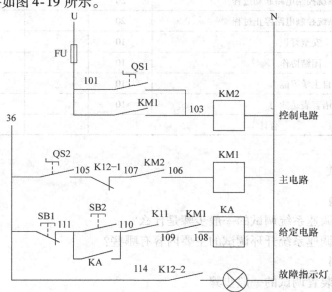

图 4-19 系统控制电路

1. 起动控制电路和主电路

闭合 QS1（本身带自锁），控制电路接触器 KM2 线圈得电，主触点闭合，将 U、V、W 和 36、37、38 接通，使同步电源变压器、控制电路得电，控制电路开始工作。36 号线得电和 KM2 辅助常开触点的闭合，为主电路、给定电路的接通做好准备。

闭合 QS2（本身带自锁），主电路接触器 KM1 线圈得电。主触点接通三相电源，整流变压器得电，KM1 的辅助常开触点闭合有两个作用：使控制电路接触器 KM2 线圈始终接通，保证主电路得电时，控制电路不能被切断；为给定回路的接通做好准备。

2. 起动给定电路

按下 SB2，给定电路接通，KA 得电自锁，起动完成。

3. 停止顺序

先将给定电位器调到最小位置，后按下 SB1，切断给定回路；再断开 QS2，切断主电路；最后断开 QS1，切断控制电路。

（三）技能训练：认识元器件

1. 实训器材

1）HPDC—1 型电力电子及电气传动实训装置 2 台。

2）DSC—32—Ⅱ直流调速（调压）实训控制柜 3 台。

2. 实训内容及过程

在实训台上找出系统控制电路的元器件，在实训台上操作停送电顺序。

（四）评价标准

评价内容	分值	评分		
		自我评价	小组评价	教师评价
能掌握系统控制电路的组成	20			
能掌握系统控制电路起动过程	20			
能掌握系统控制电路停止过程	20			
安全意识	10			
团结协作	10			
自主学习能力	10			
语言表达能力	10			
合计				

六、系统调试

（一）引导问题

1. 晶闸管直流调速系统调试的一般步骤是什么？

2. 晶闸管直流调速系统开环调试的主要内容有哪些？

（二）咨询资料

1. 晶闸管直流装置调试的一般步骤

1）先测试单元电路，后测试整机电路。

2）先静态调试后动态调试。

3）先开环调试后闭环调试。

4）先轻载调试后满载调试。

2. DSC—32 型直流调速系统开环调试的主要内容和步骤

在通电调试前，应先对整机（包括接线提示、绝缘、冷却等方面）进行全面的检查。

（1）校对电源相序 用示波器校对主电源与同步变压器的相序是否对应。

使用示波器时，应特别注意安全保护，应将电源接地端断开，但此时机壳带电，必须注意对地绝缘，以防人身触电。

（2）继电控制电路的检查 在主电路不带电的情况下，闭合控制电路，按规定顺序操作控制面板上的操作按钮，检查继电器工作状态和控制顺序是否正常，此时各控制板均已拆下，不工作。

（3）对各控制板的调试

1）电源板。首先检查各输入量是否正常，用引出线引出，逐点测量。而后将电源板安装好，闭合控制电路，观察各指标是否正常工作后，再测量各输出点电压是否正确，即有无 +24V，+15V，-15V 输出，并检查输出连线是否完整。

前面板的各测试点的含义如下：

S1： +24V 测试点 S2：+15V 测试点

S3： -15V 测试点 S4：参考电位测试点

2）触发板。此时由于调节板没有安装，所以 $U_k = 0V$。首先闭合控制电路，用引出线引出并测量各输入量是否正确，即 +15V、-15V、U_{ta}、U_{tb}、U_{tc}、0V。若各输入量均正确后，将触发板安装好，调节 W1、W2、W3，并测量各测量点电压均为 6.3V，锯齿波斜率为 20°/V，调节 W4 即 U_p 值，当三相全控桥感性负载时，令 $U_p = -4.5V$（初始角为 90°），当三相全控桥为阻性负载时，令 $U_p = 6V$（初始角为 120°），应有输出脉冲，用示波器观察。

前面板的各调节电位器和测试点的含义如下：

W1：斜率（U 相的斜率）电位器 S1：斜率值（U 相）

W2：斜率（V 相的斜率）电位器 S2：斜率值（V 相）

W3：斜率（W 相的斜率）电位器 S3：斜率值（W 相）

W4：偏置电压（初相角）电位器 S4：偏置电压值

（4）开环调整（阻性负载） 各控制板调整好以后，进行整机联调。

1）初始相位角的调整。将四块功能板安装好，将调节板置于开环状态，给定调节电位器调至最小，并接通控制电路、主电路和给定电路，调节给定调节电位器使 $U_g = 0V$，调整触发板的 W4 电位器，使 $U_d = 0V$，初始相位角调整结束。

2）调节给定调节电位器，逐渐加大给定电压至最大值，观察电压表的变化，电压指示应连续增加至 300V，且线性可调。

3）至此系统开环状态已调整好。其正常状态为：$U_{W1} = 6V$、$U_{W2} = 6V$、$U_{W3} = 6V$、$U_{W4} = -6V$；$U_g = 0 \sim 10V$，$U_d = 0 \sim 300V$，且连续可调；负载电流表有一定的电流值。注：参数为参考电压值，不同负载可能参数整定有偏差。

（三）评价标准

评价内容	分值	评分		
		自我评价	小组评价	教师评价
能掌握晶闸管直流调速系统的调试步骤	30			
能掌握晶闸管直流调速系统的开环调试过程	30			
安全意识	10			
团结协作	10			
自主学习能力	10			
语言表达能力	10			
合计				

七、故障检修

（一）引导问题

1. KM1 不闭合，其原因是什么？如何检修？
2. KA 不闭合，其原因是什么？如何检修？
3. 合闸起动时 FU 熔断，其原因是什么？如何检修？
4. 电动机起动不起来，其原因是什么？如何检修？

（二）咨询资料

序号	故障现象	故障原因	检修方法
1	KM1 不闭合	U 相电压为零、U 相熔断器及其电路断开、KM2 主触点没有闭合、QS2 无法闭合及接线断路、KM2 常开闭合不上、KM1 线圈或外接线断路等	测量方法：用万用表电压档测量 U 相到 N 是否为 220V，正常，闭合 QS1 测量 KM2 闭合情况，36 到 N 是否为 220V，闭合 QS2，测量 105，107，106 是否正常等
2	KA 不闭合	电源 U 相到 33、KM2 主触点闭合不上，33 到 36、SB1 常闭按钮开，36 到 110、SB2 起动按钮无法闭合、KM1 常开联锁触点无法闭合、KA 线圈或外部接线开始等	用万用表检测 U 相到 33 与 36 的电压是否正常，测量 KM2 闭合情况，给定控制电路各点是否正常等
3	合闸起动时 FU 断	主电路有短路故障，一是晶闸管被击穿，二是晶闸管可能被误触发	检查接触器触点是否烧坏，检查晶闸管是否损坏，检查脉冲变压器极性是否错等
4	电动机无法起动	没有加上电源电压或没有励磁电源	检查有无交、直流电压，检查触发电路，用示波器观察有无触发脉冲，脉冲波形是否正常，检查励磁电源等

（三）评价标准

评价内容	分值	评分		
		自我 评价	小组 评价	教师 评价
能分析常见故障现象	30			
能对常见故障进行检修	30			
安全意识	10			
团结协作	10			
自主学习能力	10			
语言表达能力	10			
合计				

◆ **知识拓展**

一、直流调速系统在生产中的应用

图 4-20 所示为一台龙门刨床，其主轴电动机的调速控制采用了直流调速系统。

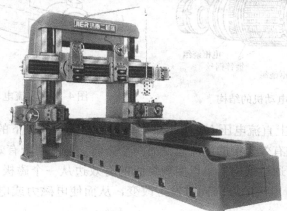

图 4-20　龙门刨床

采用直流调速可以使电动机的转速得到很好的控制，适用于加工要求较高的产品。图 4-21 所示为一台卷扬机的电动机及负载系统，图 4-22 所示为其直流调速控制系统柜，采用

图 4-21　卷扬机的电动机及负载系统

图 4-22　卷扬机的直流调速控制系统柜

直流调速使得这个系列的卷扬机机械设备的控制性能更优，使用更加方便可靠。

直流调速系统分为两个部分，即可控整流电路和电动机及负载电路。可控整流电路又分为触发电路和整流电路两个部分。

触发电路为晶闸管提供触发信号，对于小功率的直流电动机，其可控整流电路的触发电路可以采用单结晶体管触发电路；对于大功率的电动机，一般采用 KC 系列集成电路构成其触发电路，这种触发电路具有输出的触发信号功率大，触发延迟角的控制灵活、方便等特点。在任务一中已经介绍：在单相桥式可控整流电路中，输出电压平均值为 $0.9U_2\dfrac{1+\cos\alpha}{2}$；在三相全控整流电路中，输出电压平均值为 $2.34U_2\cos\alpha$。因此，只要改变触发延迟角 α，就可以改变整流电路输出的直流电压。

直流电动机主要由磁极、电枢和换向器（整流器）三部分组成，如图 4-23 所示。它的工作原理如图 4-24 所示。

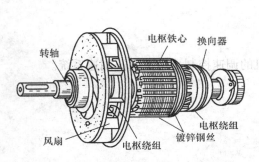

图 4-23　直流电动机的结构

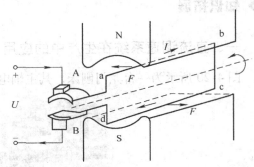

图 4-24　直流电动机的工作原理

在电刷 AB 之间加上直流电压 U，电枢中的电流方向为：N 极下的有效边中的电流总是一个方向，而 S 极下的有效边中的电流总是另一个方向。这样两个有效边中受到的电磁力的方向一致，电枢转动。通过换向器可以实现绕组的有效边从一个磁极（如 N 极）转到另一个磁极（如 S 极）下，电流的方向同时发生改变，从而使电磁力或电磁转矩的方向不发生改变。

二、直流电动机调速的基本方法

通过对电动机的学习，我们知道直流电动机转速的表达式为

$$n = \frac{U - I_a R_a}{C_e \Phi}$$

式中　n——电枢转速，单位为 r/min；

U——电枢电压，单位为 V；

I_a——电枢电流，单位为 A；

R_a——电枢回路电阻，单位为 Ω；

Φ——励磁磁通，单位为 Wb；

C_e——由电动机结构参数决定的电动势常数。

由此可知，直流电动机有三种调速方法，见表 4-1。

改变电枢回路电阻的方法只能实现有级调速；调节励磁磁通能够平滑调速，但调速范围不大，且只能在基速以上作小范围的升速；对于在一定范围内的无级调速系统来说，以调节电枢电压的方式为最好。所以，自动控制的直流调速系统中，往往以调节电枢电压作为调速的主要手段。

表 4-1 直流电动机的调速方法

调速方法	静态特性	相关说明
调节电枢电压 U		在励磁磁通 Φ、电枢回路电路 R_a 不变的情况下，改变电枢电压 U，从而改变电动机的转速 n，这种调速方法只能在额定电压 U_N 以下进行调节
调节励磁磁通		在电枢电压 U、电枢回路电阻 R_a 不变的情况下，改变励磁磁通 Φ，从而改变电动机的转速 n。由于这种方法只能在电动机的额定励磁下进行调节，否则磁路将会出现饱和，因而只能进行弱磁调速，即将电动机的转速向高于额定转速的方向进行调节
改变电枢回路电阻 R_a		在电枢电压 U、励磁 Φ 不变的情况下，改变串接在电枢回路的电阻 R_a。图中给出的四种情况分别是 R_{a1}、R_{a2}、R_{a3}、R_{a4}，其中 $R_{a1}=0$，$R_{a1}<R_{a2}<R_{a3}<R_{a4}$

1. 电枢回路串电阻调速的特点

1）电枢回路串电阻调速后机械特性变软，转速降低。

2）串入电阻一般是分段串入，使其调速为有级调速，调速的平滑性较差。

3）电阻串在电枢回路中，而电枢回路电流大从而使调速电阻消耗的能量大，不经济。

4）电枢回路串电阻调速方法简单，设备投资少。

2. 减弱磁通调速的特点

1）减弱磁通调速机械特性变软，转速上升。

2）调速平滑，可实现无级调速。

3）由于减弱磁通调速是在励磁回路中进行的，故能量损耗小。

4）控制方便，控制设备投资少。

3. 降低电枢电压调速的特点

1）降低电枢电压调速机械特性硬度不变，调速性能稳定，调速范围广，转速降低。

2）电源电压便于平滑调节，调速平滑性好，可实现无级调速。

3）调压调速是通过减小输入功率来降低转速的，低速时损耗小，调速经济性好。

4）调压电源设备较复杂。

三、调速指标

不同的生产机械，其工艺要求电气控制系统具有不同的调速性能指标，这些指标可以概括为静态调速指标和动态调速指标。

1. 静态调速指标

（1）调速范围 D　电动机在额定负载下，运行的最高转速 n_{max} 与最低转速 n_{min} 之比称为调速范围，用 D 表示，即 $D = n_{max}/n_{min}$（对非弱磁的调速系统，电动机的最高转速 n_{max} 即为额定转速 n_N）。

（2）静差率 s　静差率是指电动机稳定运行时，当负载由理想空载增加至额定负载时，对应的转速降 Δn_N 与理想空载转速 n_0 之比，用百分数表示为

$$s = \Delta n_N/n_0 \times 100\% = (n_0 - n_N)/n_0 \times 100\%$$

静差率反映了电动机转速受负载变化的影响程度，它与机械特性有关，机械特性越硬，静差率越小，转速的稳定性越好。但并非机械特性一致，静差率就相同，它还与理想空载转速有关。图 4-25 所示为不同理想空载转速下的静差率。

如 A、C 两曲线，$s_A < s_C$，而 A 与 B 两曲线，虽然机械特性相同，转速降相同，但由于理想空载转速不同，因而静差率 $s_A < s_B$。

（3）静差率与调速范围的关系　在调压调速系统中，额定电压为最高转速，静差率为最低转速时的静差率，则最低转速

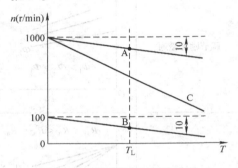

图 4-25　不同转速下的静差率

$$n_{min} = n_0 - \Delta n_N = \frac{\Delta n_N}{s} - \Delta n_N = \frac{1-s}{s}\Delta n_N$$

则调速范围为

$$D = n_{max}/n_{min} = \frac{n_N s}{\Delta n_N(1-s)}$$

由此可知，在调速系统中机械特性的硬度（Δn_N）一定时，对应的静差率越高，即 s 越小，允许的调速范围就越小。

2. 动态调速指标

动态调速指标包括跟随性能指标和抗干扰性能指标两类。

（1）跟随性能指标　跟随性能指标用来衡量输出量响应的性能。

1）上升时间 t_r：在典型的阶跃响应跟随过程中，输出量从零起第一次上升到稳态值 n_∞ 所经过的时间称为上升时间，它表示动态响应的快速性，如图 4-26 所示。

2）超调量 σ：在典型的阶跃响应跟随过程中，输出量超出稳态值的最大偏离量与稳态值之比，用百分数表示，称为超调量，即

$$\sigma = (n_{\max} - n_{\infty})/n_{\infty} \times 100\%$$

超调量反映系统的相对稳定性。超调量越小，则相对稳定性越好，即动态响应比较平稳。

3）调节时间 t_s：调节时间又称为过渡过程时间，是衡量系统整个调节过程快慢的一个参数。它是指给定量阶跃变化起到输出量到达稳态值附近（±5% 或 ±2%）所需要的时间。

（2）抗干扰性能指标　一般以系统稳定运行中突加负载的阶跃扰动后的动态过程作为典型的抗干扰过程。概括起来有三个指标，即动态降落、恢复时间和振荡次数。

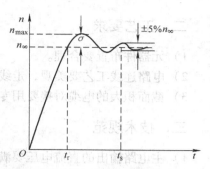

图4-26　典型的阶跃响应跟随性能指标

学习活动3　制订工作计划

一、画出龙门刨床主轴直流电动机调速系统结构框图

我们在学习活动2中，学习了开环直流调速系统的组成，画出龙门刨床主轴直流电动机调速系统主电路、系统控制电路、直流稳压电源、三相脉冲触发电路及结构框图。

二、列出材料计划清单

根据你设计的电路，列出所需材料清单。

序号	名称	规格型号	数量	备注

学习活动4　任务实施

一、安全技术措施

1）变压器、电动机在投入运行前要进行外观检查，各部结构没有缺陷。

2）变压器、电动机投入使用运行前必须进行各种绝缘测试。绝缘等级符合要求，方可使用。

3）停送电联系必须是专人负责，任何人无权下令停送电。

4）停电后，必须认真执行验电、放电，并做好三相短路接地措施。

5）各部分电路必须有过电压、过电流、短路保护措施。

6）元器件在使用前必须进行测试，技术参数符合技术要求，方可使用。

二、工艺要求

1）元器件布置要合理。
2）电路连线工艺要美观，走线横平竖直，尽量减少跨线。
3）截面积大的电缆对接要用专用的接线装置。

三、技术规范

1）主电路输出的直流电压要满足现场工艺要求。
2）触发电路触发延迟角控制在 $0° \sim 30°$。
3）整流变压器和控制变压器二次侧输出电压波动不能超过 $\pm 5\%$。
4）励磁电流必须是额定值，不能出现波动。
5）直流稳压电源输出的 $\pm 15V$、$24V$ 必须是恒定值。
6）调试前应将给定调节电位器调至最小，逐渐加大给定电压。

四、任务实施

1）按照直流电动机开环调速系统原理图（见图4-27）正确连接各单元，并检查线路。

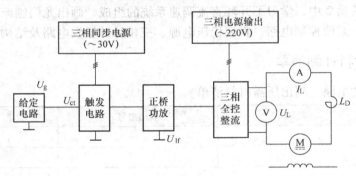

图4-27　直流电动机开环调速系统原理图

2）继电控制电路的检查。在主电路不带电的情况下，闭合控制电路，按起动顺序操作控制面板上的操作按钮，检查继电器工作状态和控制顺序是否正常。

3）电源板和触发板的调试。

① 电源板的调试。首先检查各输入量是否正常，用引出线引出后进行逐点测量。然后，将电源板安装好，闭合控制电路，再测量各输出点电压是否正确。

② 触发板的调试。闭合控制电路，用引出线引出并测量各输入量是否正确。待各输入量均正确后，将触发板安装好，调节W1，W2，W3，并测量各测量点电压均为6.3V，锯齿波斜率为20°/V，调节W4 即 U_p 值，当三相全控桥感性负载时，令 $U_p = -4.5V$（初始角为90°），当三相全控桥为阻性负载时，令 $U_p = 6V$（初始角为120°），应有输出脉冲，用示波器观察。

4）开环调试。调整初始相位角，将四块功能板安装好，调节板置于开环状态，给定调节电位器调至最小，接通控制电路、主电路和给定电路，调节给定调节电位器使 $U_g = 0V$，调整触发板的 W4 电位器，使 $U_d = 0V$，初始相位角调整结束。

接下来，调节给定调节电位器，逐渐加大给定电压至最大值，观察电压表的变化，电压指示应连续增加至 300V，且线性可调。观察电动机转速随给定电压的变化。

5）对调试过程中出现的故障进行排除，并记录。

故障检查修复记录

检修步骤	过程记录
观察到的故障现象	
分析故障现象原因	
确定故障范围，找到故障点	
排除故障	

五、评价标准

评价内容	分值	评分		
		自我评价	小组评价	教师评价
能正确连接各单元	20			
能进行继电控制电路的检查	20			
能进行电源板和触发板的调试	20			
能进行开环系统的运行调试	10			
出现故障正常排除	10			
遵守安全文明生产规程	10			
施工完成后认真清理现场	10			
合计				

学习活动5　总结与评价

参照表 1-5 进行综合评价。

 习题

一、填空题

1. 直流电动机具有良好的（　　　　　）、（　　　　　）和调速性能。

2. 直流电动机是将（　　　　　）变成（　　　　　）的设备。

3. 操作面板上的电压表是监视（　　　　　　　　　　　）的，而电流表是监视
（　　　　　　　）的。

4. 晶闸管－电动机直流调速系统主电路中 T1 为（　　　　　　　　）变压器，
T2 为（　　　　　　　　）变压器。

5. 直流电动机调压调速系统中三相可控整流输出接到电动机的（　　　　　）回路中。单相整流输出接到电动机的（　　　　　　）回路中。

6. 直流调速系统的主电路隔离变压器一次绕组接成（　　　　）联结，二次绕组接成（　　　　）联结。

7. 直流调速系统的主电路控制变压器二次侧两套绕组分别供给（　　　　）和（　　　　）。

8. 给定电压为（　　　　）V，由（　　　　）供给。

9. 晶闸管－电动机直流调速系统主电路中 T1 为（　　　　）变压器，二次侧有（　　　　）套绕组。

10. 晶闸管－电动机直流调速系统主电路中 T2 为（　　　　）变压器，二次侧输出有（　　　　）V 和（　　　　）V 两个等级的交流电。

11. 直流调速系统中正给定电压的范围是（　　　　）V，负给定电压的范围是（　　　　）V。

12. 晶闸管并联电阻电容，进行（　　　　）保护，串联（　　　　）进行过电流保护。

二、判断题

（　　）1. 直流电动机的电枢回路串电阻调速，串接电阻的阻值越大，转速越高。

（　　）2. 直流电动机的调速方法有 3 种。

（　　）3. 直流电动机减弱磁通调速是改变励磁回路的磁通。

（　　）4. 直流电动机改变电枢电压调速，改变电压后转速上升。

（　　）5. 直流电动机的调速范围，是指电动机在任意负载下。

（　　）6. 直流电动机弱磁调速转速只能下降。

（　　）7. 直流电动机串电阻调速是在励磁回路串接电阻器。

（　　）8. 电枢回路串电阻调速机械特性不变。

（　　）9. 直流调速系统主回路的整流器件是晶闸管。

（　　）10. 降低电压调速是改变励磁绕组的电压。

（　　）11. 直流电动机的铭牌数据是指额定值。

（　　）12. 直流调速系统主回路的整流器件是二极管。

（　　）13. 电枢绕组串电阻调速机械特性变软。

（　　）14. 直流电动机改变电枢电压调速，只能在额定电压 U_N 以下进行调节。

（　　）15. 直流调速系统的主电路 T1 隔离变压器其中一组的二次绕组供给励磁电路。

（　　）16. 直流调速系统的主电路 T1 变压器一次绕组是三角形联结，二次绕组是星形联结。

（　　）17. 直流调速系统的主电路 T2 控制变压器一次侧是三角形联结。

（　　）18. 直流调速系统的励磁回路设有过电流保护。

（　　）19. 励磁回路输出端 001、002 供直流电动机的励磁绕组。

（　　）20. 晶闸管输出的直流电用电容滤波。

（　　）21. 晶闸管整流的输出端 003、004 供给电枢绕组。

（　　）22. 集成稳压器 LM7815 输出负 15V 电压。

（　　）23. 集成稳压器 LM7915 输出负 15V 电压。

（　　）24. 集成稳压器 LM7824 输出正 24V 电压。

（　　）25. 直流调速系统采用的调节器是积分调节器。

（　　）26. 直流电动机励磁绕组的直流电压由晶闸管整流供给。

（　　）27. 直流调速系统中给定电压的范围是 -15～15V。

三、单项选择题

1. T1 隔离变压器二次绕组有（　　）组。

A. 1　　　　　　　B. 2　　　　　　　C. 3　　　　　　　D. 4

2. 励磁回路设有（　　）保护。

A. 欠电流　　　　B. 过电流　　　　C. 失电压　　　　D. 过电压

3. 同步变压器输出的同步电压为（　　）V。

A. 15　　　　　　B. 30　　　　　　C. 50　　　　　　D. 220

4. 三相触发电路采用（　　）集成晶闸管移相触发器。

A. KC04　　　　　B. KC41　　　　　C. KC42　　　　　D. KCZ6

5. 系统控制电路的 KM1 交流接触器控制（　　）。

A. 隔离变压器　　B. 控制变压器　　C. 保护变压器　　D. 脉冲变压器

6. 三相脉冲移相触发环节输入的同步电压是（　　）V。

A. 50　　　　　　B. 30　　　　　　C. 15　　　　　　D. 24

7. 直流稳压电源输出（　　）等级的直流电压。

A. 1个　　　　　B. 2个　　　　　C. 3个　　　　　D. 4个

8. 直流调速系统励磁绕组的直流电压是（　　）V。

A. 380　　　　　B. 220　　　　　C. 400　　　　　D. 110

9. 直流调速系统直流电动机的励磁绕组直流电压由（　　）供给。

A. 晶闸管整流　　B. 电流互感器　　C. 二极管整流　　D. 直流稳压电源

10. 晶闸管直流侧通常采用（　　）滤波。

A. 大电感　　　　B. 电容　　　　　C. 电阻　　　　　D. 二极管

11. 直流电动机采用降低电压调速，机械特性变（　　）。

A. 软　　　　　　B. 不变　　　　　C. 硬　　　　　　D. 不确定

12. 弱磁调速转速（　　）。

A. 只能上升　　　B. 只能下降　　　C. 不变　　　　　D. 既可上升也可下降

13. 直流电动机采用减弱磁通调速，机械特性变（　　）。

A. 软　　　　　　B. 不变　　　　　C. 硬　　　　　　D. 不确定

14. 电枢回路串电阻调速转速只能（　　）。

A. 上升　　　　　B. 下降　　　　　C. 不变　　　　　D. 不确定

15. 操作面板上的电压表是监视（　　）的。

A. 电枢电压　　　B. 励磁电压　　　C. 给定电压　　　D. 反馈电压

16. 晶闸管 - 电动机直流调速系统主电路中 T1 为（　　）。

A. 隔离变压器　　B. 控制变压器　　C. 脉冲变压器　　D. 报警变压器

17. 晶闸管 - 电动机直流调速系统主电路中 T2 为（　　）。

A. 隔离变压器　　B. 控制变压器　　C. 脉冲变压器　　D. 报警变压器

四、简答题

1. 简述直流电动机的工作原理。

2. 画出直流电动机降低电枢电压调速的机械特性曲线并说明特点。

3. 画出直流电动机减弱磁通调速的机械特性曲线并说明特点。

4. 画出直流电动机电枢回路串电阻调速的机械特性曲线并说明特点。

5. 静差率与机械特性的硬度有何关系？

6. 什么叫调速范围？什么叫转差率？

7. 写出直流电动机转速的表达式，并说明各参数的含义。

8. 直流电动机有几种调速方法？自动控制的直流调速系统中，常采用哪种方法？

9. 叙述晶闸管－电动机开环直流调速的工作原理。

10. 励磁回路为什么要接欠电流继电器？

11. 简述直流稳压电源电路的工作原理。

12. 三相脉冲触发电路 KC04 的作用是什么？

13. 在开环调速系统中，在直流电动机励磁不变的情况下，增加给定电压，电动机的转速将如何变化？为什么？

14. 直流调速系统主电路有哪些元器件？

15. 晶闸管－电动机直流调速系统主电路中隔离变压器 T1 的二次侧有几套绕组？分别为哪部分电路提供电源？

16. 晶闸管－电动机直流调速系统主电路中控制变压器 T2 的二次侧输出电压是多少？分别为哪部分电路提供电源？

17. 直流调速系统起动过程是怎样的？

18. 直流调速系统停止过程是怎样的？

五、画图题

1. 画出晶闸管－电动机开环调速主电路原理图。

2. 画出速度给定环节电路。

龙门铣床单闭环直流调速系统的维修与调试

 学习目标：

1. 能掌握转速负反馈直流调速系统的组成。
2. 能掌握转速负反馈直流调速系统的工作过程。
3. 能对照电气原理图在实训柜上找出相应的电路及元器件。
4. 能在实训台上独立完成转速负反馈直流调速系统电路的连线。
5. 能独立完成单闭环直流调速系统的维修调试操作。

 情景描述

根据生产工艺的要求，通常希望电动机的转速恒定或者按照预定的规律变化。开环控制系统在控制过程中，由于电源电压和励磁电流的变化，放大器放大倍数的漂移，以及环境温度的变化引起电阻值的变化等原因，常使电动机的转速偏离预定的要求，对可能出现的偏离预定要求的误差没有任何修正能力，抗干扰能力较差，控制精度较低，常用在调速性能要求不高的场合。加入负反馈的闭环控制系统能克服开环控制系统的缺点，具有较高的控制精度和较强的抗干扰能力。

学习活动 1　明确工作任务

单闭环直流调速系统是在开环调速系统的基础上，增加转速或电压负反馈，构成闭环控制系统，克服干扰，稳定电动机转速。本任务以龙门铣床单闭环直流调速系统维修与调试为例，学习转速负反馈、电压负反馈、带电流截止保护的转速负反馈等单闭环直流调速系统。

学习活动 2　学习相关知识

一、比例、比例积分调节器

（一）引导问题

1. 调节器有几个输入端？几个输出端？

2. 调节器的输出信号的极性与输入端信号的极性是怎样的？

3. 比例调节器输出电压 u_o 与输入电压 u_i 的关系是怎样的？

4. 比例调节器的输入电压为零时，输出电压是否为零？

5. 比例积分调节器的输出电压是几部分组成的？

6. 比例积分调节器的输入电压为零时，输出电压是否为零？

7. 带输出限幅的比例积分调节器是如何限幅的？

（二）咨询资料

为了实现转速负反馈控制，提高系统的稳定性和可靠性，在调速系统中，应用了比例调节器、比例积分调节器。

调节器的图形符号如图 5-1 所示。它有两个输入端：一个为同相输入端，另一个为反相输入端，分别用"+"、"-"表示。它还有一个输出端以及两个电源端。所谓同相输入端是指，反相输入端接地，输入信号加到同相输入端，则输出信号和输入信号极性相同。所谓反相输入端是指，同相输入端接地，输入信号加到反相输入端，则输出信号和输入信号极性相反。

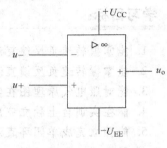

图 5-1　调节器的图形符号

1. 比例调节器

如图 5-2 所示，只要输入量改变，输出量也随之改变。其动态响应速度较快，而且输出量和输入量之间呈线性关系。改变反馈电阻 R_1 就可以改变调节器的放大倍数。

输出量 u_o 和输入量 u_i 的关系是

$$u_o = -\frac{R_1}{R_0}u_i$$

其输入—输出特性曲线如图 5-3 所示。

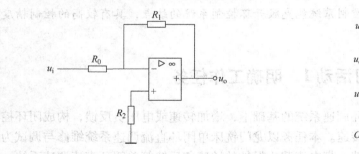

图 5-2　比例调节器的工作原理

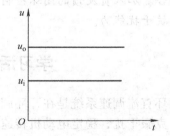

图 5-3　比例调节器输入—输出特性曲线

2. 比例积分调节器

比例积分调节器的工作原理如图 5-4 所示，其输入—输出特性曲线如图 5-5 所示。其输出量分为两个部分，一是比例部分，二是积分部分。比例调节器能实现比例、积分两种调节功能，当输入阶跃电压信号时，刚开始电容两端电压为 0，只有比例部分起作用，具有比例调节器较好的动态响应特性。又具有积分调节器的静态无差调节功能，只要输入有一微小信号，积分就进行，直至输出达饱和为止。在积分过程中，输入信号突然消失（变为零），其输出值始终保持输入信号消失前的值不变。这种积累、保持特性，使积分调节器能消除控制系统的静态误差。

输出量 u_o 和输入量 u_i 的关系是

$$u_\text{o} = -\left(\frac{R_1}{R_0}u_\text{i} + \frac{t}{RC}u_\text{i}\right)$$

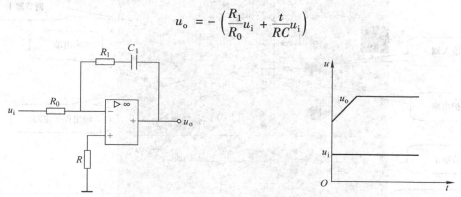

图 5-4　比例积分调节器的工作原理　　　　图 5-5　比例积分调节器输入—输出特性曲线

3. 带输出限幅的比例积分电路

如图 5-6 所示，由 VD1 和 RP1 构成正的限幅电路，限幅值通过调节 RP1 来实现；VD2 和 RP2 构成负的限幅电路，限幅值通过调节 RP2 来实现。

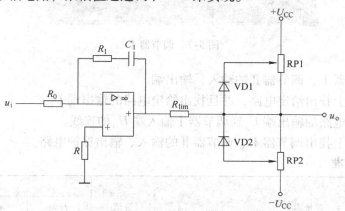

图 5-6　带限幅的比例积分调节器

当运算放大器输出电压低于限幅值时，限幅电路不起作用，当放大器输出电压大于限幅值时，输出电压不变，为限幅值。

当输入电压不为零时，电容两端的电压会不断增加，直到运算放大器达到饱和为止。当输入电压为 0 时，输出量保持不变。

积分作用最明显的特点是：只要存在输入量的偏差，积分作用就一直存在，直至运算放大器饱和为止。利用这个特性，在调速系统中，可以引入负反馈，实现无静差的调速。在无静差调速系统中，就应用了带限幅的比例积分调节器。

（三）技能训练

1. 实训器材

THPDC—1 型电力电子及电气传动实训装置 2 台。

2. 实训内容及过程

1）在实训台上找出调节器Ⅰ、调节器Ⅱ，如图5-7所示。

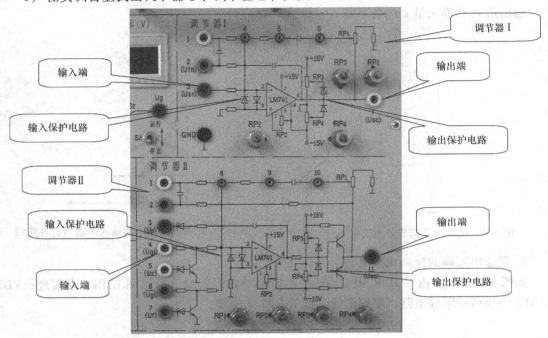

图 5-7　调节器Ⅰ

2）找出调节器Ⅰ、调节器Ⅱ的输入，输出端。

3）在实训台上找出给定电路，并且找出给定电路的输出端 U_g。

4）完成给定电路的输出端 U_g 到调节器Ⅰ输入端 U_{sr} 的连线。

5）在实训台上找出调节器Ⅰ、调节器Ⅱ的输入、输出保护电路。

（四）评价标准

评价内容	分值	评分		
		自我评价	小组评价	教师评价
能掌握调节器的组成及作用	20			
能掌握比例调节器的组成及作用	20			
能掌握比例积分调节器的组成及作用	20			
安全意识	10			
团结协作	10			
自主学习能力	10			
语言表达能力	10			
合计				

二、转速负反馈有静差直流调速系统

（一）引导问题

1. 为什么要引入转速负反馈？

2. 什么是有静差转速负反馈直流调速系统？有静差调速系统 ΔU 是否能为零？

3. 画出有静差转速负反馈直流调速系统框图。

4. 用什么元器件作为转速反馈元件？

5. 分析有静差转速负反馈直流调速系统的控制原理。

（二）咨询资料

为了稳定电动机的转速，在开环系统的基础上引入转速负反馈，构成了转速负反馈的闭环控制系统。

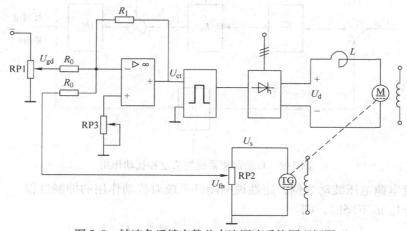

图 5-8　转速负反馈有静差直流调速系统原理框图

1. 转速负反馈有静差直流调速系统

采用比例调节器构成的转速负反馈直流调速系统称有静差转速负反馈直流调速系统，其原理框图如图 5-8 所示。TG 为与直流电动机同轴的测速发电机，产生与电动机转速 n 成正比的电压信号 U_s，经过可调电阻 RP2 分压后产生反馈电压 U_{fn}，与给定电压 U_{gd} 一起送到运算放大器的反向输入端，比较后产生偏压电压 ΔU，经过比例运算器的运算后产生控制电压 U_{ct}，用以控制触发电路的触发延迟角，从而控制可控整流电路的输出电压，最终对电动机的转速进行调节。

放大器采用比例放大器，则该系统对于给定量 U_{gd} 来说，便是有静差调速系统。因为这种调速系统在稳态时，反馈量与给定量不等，即存在着偏差 ΔU，此 $\Delta U = U_{gd} - U_{fn} \neq 0$。

有静差调速系统是通过偏差 ΔU 的变化来进行调节的。系统的反馈量只能减小偏差 ΔU 的变化，而不能消除偏差，即 ΔU 始终不能为零。若偏差 $\Delta U = 0$，比例放大器输出 $U_{ct} = 0$，晶闸管整流器输出电压 $U_d = 0$，电动机将停止转动系统无法正常工作。可见，有静差调速系统是依靠 $\Delta U \neq 0$ 为前提工作的。若想消除偏差，使 $\Delta U = 0$，以提高稳态精度，单纯按比例放大器来进行控制是办不到的。要想提高稳态精度，必须从控制规律上寻求新的出路。

2. 闭环系统稳定转速的过程

在 U_{gd} 不变的前提下，影响电动机转速的因素很多，如：电源电压的变化，励磁电流的变化，放大器放大倍数的漂移，环境温度的变化引起电阻值的变化，这些变化都成为"扰动"。所有这些变化都能被测速装置检测出来，再经过反馈控制作用，减小它们对稳态转速的影响。

如图 5-9 所示，扰动输入的作用点不同，对系统的影响程度也不同，而转速反馈能抑制或减小被包围在反馈环内作用在控制系统主通道上的扰动，这是开环系统无法实现的，它也是闭环系统最突出的特性。

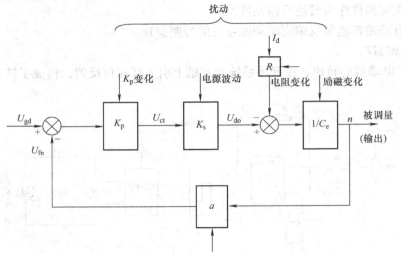

图 5-9　自动调速系统的给定和扰动作用

现以交流电源电压波动为例，定性说明闭环系统对扰动作用的抑制过程。

当交流电压 u_2 下降时，则

$$u_2 \downarrow \rightarrow U_{do} \downarrow \rightarrow n \downarrow \rightarrow U_{fn} \downarrow \rightarrow \Delta U \uparrow \rightarrow U_{do} \uparrow \rightarrow n \uparrow$$

整个调节过程使得转速相对稳定地维持在原值附近。

对于转速闭环系统，只要抑制被反馈环包围的加在系统前向通道上的扰动作用，而对诸如给定电源、检测元件或检测装置中的扰动是无能为力的。所以选择及安装测速电动机时必须特别注意，应确保反馈检测元件的精度，这对闭环系统的稳速精度至关重要，起决定性的作用。

（三）评价标准

评价内容	分值	评分		
		自我评价	小组评价	教师评价
能掌握有静差转速负反馈电路的组成	30			
能掌握有静差转速负反馈电路的控制原理	30			
安全意识	10			
团结协作	10			
自主学习能力	10			
语言表达能力	10			
合计				

三、转速负反馈无静差直流调速系统

（一）引导问题

1. 无静差调速系统采用的是什么调节器？

2. 比例积分调节器曾经有过输入值，若输入电压为零，调节器输出的是否为零？

3. 无静差调速系统的 ΔU 是否能为零？

4. 无静差调速系统与有静差调速系统相比有何优点？

（二）咨询资料

前面讨论了有静差调速系统的工作过程，其实质是将测速反馈电压 U_{fn} 和给定电压 U_{gd} 进行比较后，得到偏差电压，再经过比较放大后，去控制触发延迟角的大小，从而达到调速的目的。但是，由于是有静差调速，因而不能消除静差。在机械加工要求较高的情况下，对转速的要求也会相对较高。如果要消除静差，就必须摆脱单纯按比例反馈的闭环控制的束缚，从控制规律上找出消除静差的方法。

前面分析了比例积分调节规律，在输入量有偏差的情况下，比例积分调节器的输出在没有达到饱和时，就会不断增加，当偏差为零时，调节器的输出保持不变。因而，如果将比例控制规律改成比例积分控制规律，就可以消除静差。因为比例积分控制不仅靠偏差本身，还要靠偏差的积累。只要曾经有过偏差，即使现在偏差电压为零，其积分值仍然存在，仍能产生控制电压。比例积分控制的系统只是在调节过程中有偏差，而在稳态时可以消除偏差，所以比例积分控制的系统是无静差系统。

在输入信号为阶跃信号时，比例积分器在没有达到饱和时，其输出是随时间线性增长的，直到饱和（达到限幅值）为止。这说明积分调节器接受任何一个突变的控制信号时，它的输出只能逐渐增长，控制效果只能逐渐反映出来。而比例调节器虽然有静差，但其动态反应却较快。如果既要无静差，又要反应快，则可将两者结合起来构成比例积分调节器，它保持了两种调节规律的特点。

如 ZDT 系列的龙门刨床，采用了这种调节以后，速度的稳定性较高，可以适应机械加工要求较高的场合。

由比例积分调节器构成的无静差调速系统如图 5-10 所示，在 PI 调节器突加给定信号时，由于 C_1 电容两端电压不能突变，开始为 0，相当于电容瞬间短路，调节器瞬间的作用是比例调节器，系数为 K_P，其输出电压 $U_{ct} = K_P U_{gd}$，实现快速控制，发挥了比例控制的优点。

此后随着 C_1 被充电，输出电压 U_{ct} 开始积分，其数值不断增长，达到稳态时，C_1 两端电压等于 U_{ct}，则 R_1 的比例已不起作用，又和积分调节器性能相同，发挥了积分控制的长处，实现无静差。比例积分调节器，从动态到静态的过程相当于自动可变的放大倍数，动态时小，静态时大，从而解决了动态稳定性、快速性与静态精度之间的矛盾。

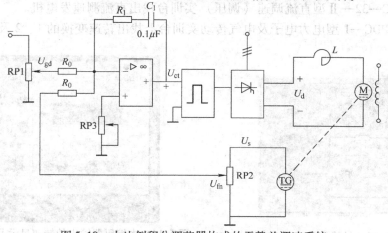

图 5-10　由比例积分调节器构成的无静差调速系统

比例积分调节器无静差系统的结构如图 5-11 所示，系统中的主要扰动是负载扰动 ΔI_{d}，其次是电网电压的波动 ΔU_{d}。负载突然增大，电动机轴上的转矩失去平衡，转速下降，使比例积分调节器的输入电压 $\Delta U = U_{\mathrm{gd}} - U_{\mathrm{fn}} > 0$。调节器的比例部分首先起作用，$U_{\mathrm{ct}}$ 增大，晶闸管整流输出电压 U_{do} 增加，阻止转矩进一步减小，同时随着电枢电流增加，电磁力矩增加，转速回升。随着转速的回升，转速偏差不断减小，同时 ΔU 也不断减小，在调节器的积分的作用下，U_{ct} 略高于负载变化前的数值。最后使转速接近原来的稳态值，完成了无静差调速的过程。整流输出电压却增加了 ΔU_{do}，以补偿由于负载增加所引起的主电路压降 $\Delta I_{\mathrm{d}}R$。

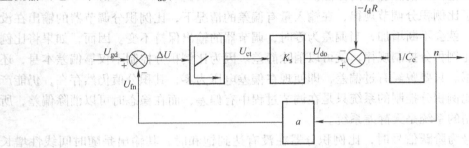

图 5-11　比例积分调节器无静差调速系统的结构

图 5-12 表示无静差调速系统的抗干扰过程。

（三）技能训练

1. 实训器材

1）THPDC—1 型电力电子及电气传动实训装置 2 台。

2）DSC—32—Ⅱ 型直流调速（调压）实训控制柜 3 台。

2. 实训内容及过程

1）在实训台上找出调节器 Ⅰ、调节器 Ⅱ 的反馈电阻、电容，并且确定调节器 Ⅰ、调节器 Ⅱ 是比例积分调节器。

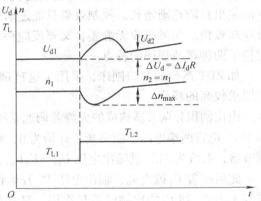

图 5-12　无静差调速系统的抗干扰过程

2）在 DSC—32—Ⅱ 型直流调速（调压）实训台找出直流测速发电机。

3）在 THPDC—1 型电力电子及电气传动实训台上找出转速变换的 1、2 及输出端 3，如图 5-13 所示。

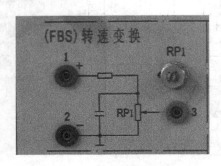

图 5-13　转换变换

图 5-14　由编码器输出的转速显示及转速变换

4）在 THPDC—1 型电力电子及电气传动实训台上找出编码器输出的（＋）（－）端，如图 5-14 所示，并且连到转速变换的 1、2 端。

5）完成转速变换的输出端 3 到调节器 I 的输入端 U_{fn} 的连线。

（四）评价标准

评价内容	分值	评分		
		自我评价	小组评价	教师评价
能掌握转速负反馈无静差直流调速系统的组成	20			
能掌握转速负反馈无静差直流调速系统的工作过程	20			
能找出转速负反馈无静差直流调速系统各组成部分	20			
安全意识	10			
团结协作	10			
自主学习能力	10			
语言表达能力	10			
合计				

四、电压负反馈直流调速系统

（一）引导问题

1. 转速负反馈在安装时有哪些要求？在什么情况下用电压负反馈而不用转速负反馈？

2. 电压负反馈采用什么元器件实现反馈？

3. 电压负反馈直流调速系统使用了隔离板，隔离板的作用是什么？

4. 画出电压负反馈调速系统工作原理图。

（二）咨询资料

前面安装和调试了转速负反馈的调速系统，以电动机的转速为反馈的对象，当转速发生变化时，通过反馈可使可控整流电路的输出电压发生改变，从而使转速相对稳定。由直流电动机的工作原理可知，当负载发生变化时，整流电路输出的电压发生改变，电动机的转速随之改变。在转速负反馈的系统中，必须要有转速检测装置，在模拟控制中，这个检测装置就是测速发电机。安装测速发动机时，必须使它的轴和主电动机的轴同心，确保它们能平稳地同轴运转，比较麻烦，对于维护工作也增加了不少负担。在系统要求不高时，可以考虑不用转速反馈方式，而用电枢两端的电压进行电压负反馈。

在电压负反馈调速系统中，如果忽略电枢压降，则直流电动机的转速近似与电枢两端的电压成正比，所以电压负反馈基本上能够代替转速负反馈的作用。电压负反馈调速系统的工作原理如图 5-15 所示。

在这里，作为反馈检测元件的只是一个起分压作用的电位器，当然比测速发电机要简单许多。电压反馈信号 $U_u = \gamma U_d$，γ 称为电压反馈系数。

为防止主电路的强电信号进入控制电路造成设备及人身伤害，电压负反馈调速系统使用隔离板。隔离板的主要作用是使主电路与控制电路之间隔离，主电路与控制电路之间不存在电的联系，防止主电路的高电压串入控制电路引起危险。

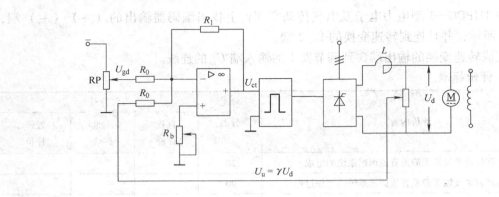

图 5-15　电压负反馈调速系统的工作原理

直流电压隔离器既能将其输入和输出电压在电路上隔离，又能正确地传递电压信号。在交流电路中，变压器就是一个很好的电压隔离器。但是，直流电压不能简单地用变压器隔离，而要用一个辅助的交流电源，首先把被测的直流电压调制成交流信号，利用变压器隔离变换后，再解调成直流信号作为输出量，但要使输入和输出的直流信号保持线性关系。

（三）技能训练

1. 实训器材

1）THPDC—1 型电力电子及电气传动实训装置 2 台。

2）DSC—32—Ⅱ型直流调速（调压）实训控制柜 3 台。

2. 实训内容及过程

1）在实训台上找出电压负反馈调速系统各组成部分。

2）找出电压隔离板，查看电压反馈信号的连接，如图 5-16 所示。

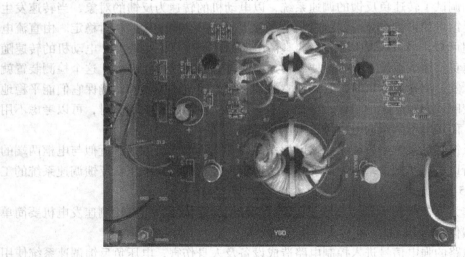

图 5-16　电压隔离板

（四）评价标准

评价内容	分值	评分		
		自我评价	小组评价	教师评价
能掌握电压负反馈调速系统的组成	20			
能掌握电压负反馈调速系统的调速过程	20			
能掌握电压负反馈调速系统中隔离板的作用	20			
安全意识	10			
团结协作	10			
自主学习能力	10			
语言表达能力	10			
合计				

五、电压负反馈、电流补偿直流调速系统

（一）引导问题

1. 电流补偿是弥补哪部分电路引起的转速降?
2. 电流补偿是正反馈还是负反馈? 电流反馈信号的极性与哪个信号的极性一致?
3. 电流补偿电路采用什么元器件?
4. 画出电压负反馈电流补偿调速系统工作原理图。

（二）咨询资料

采用电压负反馈的调速系统虽然可以省去一台测速发电机，电路结构比较简单，但是由于它不能弥补电枢压降所造成的转速降落，因而它的使用受到一定的限制。单闭环系统的静态速降要减少，必须提高系统的开环放大倍数，而提高放大倍数的范围受到放大器本身的限制。要减少由于电枢回路本身的压降引起的静态速降，而保持放大倍数不变，就需要采取一定的补偿方法，以弥补电枢回路的压降造成的转速降。采用电流补偿的方法，引入电流正反馈，就可以解决静态速降的问题。在采用电压负反馈的基础上，增加电流正反馈，其性能可以在很大程度上得到改善。电压负反馈电流补偿调速系统的工作原理如图 5-17 所示。

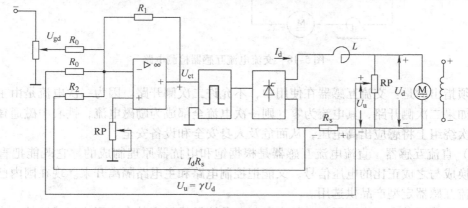

图 5-17　电压负反馈电流补偿调速系统的工作原理

1. 电枢回路串联电阻的补偿

图 5-17 所示为附加电流正反馈的电压负反馈调速系统的工作原理。在图 5-17 中，电压负反馈系统部分的电路和结构与图 5-15 相同，在这里，我们在主电路中串入电阻 R_s，由 I_d R_s 取出电流信号作为电流反馈信号，在连接时使电流反馈信号的极性与给定信号的极性一致，与电压反馈信号的极性相反，从而实现该电流反馈环节的正反馈，起到电流补偿的作用。在运算放大器的输入端，转速给定和电压负反馈的输入回路电阻都是 R_0，电流正反馈输入回路的电阻是 R_2，从而获得适当的电流反馈系数 β，其定义为

$$\beta = \frac{R_0}{R_2} R_s$$

当负载增大时，静态速降增加，电路中的电流增加，电流正反馈信号也增加，通过运算放大器使晶闸管整流装置控制的电压随之增加，从而补偿了转速的降落。因此，电流正反馈的作用又称为电流补偿控制。具体的补偿作用有多少，由系统各环节的参数决定。

2. 用电流互感器实现的电流补偿控制

为了准确地取出电流反馈信号，而且能使主回路与控制回路相互隔离，以保证设备和操作安全，目前在直流调速系统中，常采用交流互感器或直流互感器作为电流检测元件。

（1）交流电流互感器　用交流电流互感器检测直流电流时，把交流互感器的一次侧接在晶闸管变流器的交流回路中，它的二次侧通过桥式整流，把交流电流转换成直流电压。图 5-18 示出了使用三个交流互感器的检测电路，从电位器上取出的直流电压就是电流反馈电压 U_{fi}。

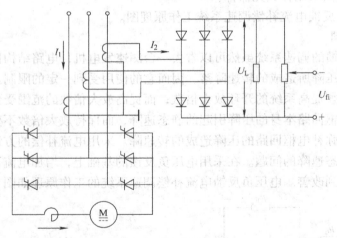

图 5-18　交流电流互感器检测电路

必须指出的是：交流互感器在使用中，不允许二次侧开路。因为一次电流是由主回路决定的，如果二次侧开路，其电流为零，则一次电流全部成为励磁电流，铁心中磁通猛增，因而在二次绕组上将感应出高电压，从而危及人身安全和设备安全。

（2）直流互感器　直流电流互感器是根据饱和电抗器原理制成的。它既能把直流电流直接转换成与之成正比的电压信号，又能把控制电路和主电路隔离开来。现在国内已有 BLZ 系列直流互感器定型产品供选用。

直流互感器共有两个环形铁心叠在一起，载流导线贯穿其中，形成互感器的一次侧，每

个铁心各绕一个二次绕组，其工作原理如图 5-19 所示。两个二次绕组反极性相连，接在交流辅助电源上，二次侧的交流电流 i_2 在两个环形铁心中产生的磁通相反，对被测载流导线无感应作用，这样二次电流变化对主回路无影响。被测直流电路电流越大，两个环形铁心被直流磁化的程度越深，因而二次绕组等效阻抗就越小，在辅助电源电压有效值不变的情况下，流过直流互感器二次侧的交流电流有效值 I_2 将越大。二次电流经整流后，在负载电阻 R_L 上，得到的电压也越高，从而实现了按比例将直流电流变换成直流电压信号的要求。

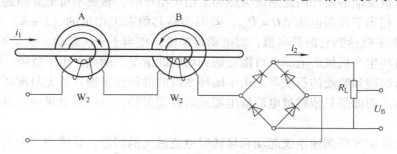

图 5-19　直流互感器的工作原理

采用这种方法可以避免在电枢回路中串联取样电阻，因而可以减少系统的静差，提高系统的稳定性。

（三）技能训练

1. 实训器材

1）THPDC—1 型电力电子及电气传动实训装置 2 台。

2）DSC—32—Ⅱ型直流调速（调压）实训控制柜 3 台。

2. 实训内容及过程

在实训台上找出实现电流反馈的电器元件。电流互感器和电流变换器如图 5-20、图 5-21 所示。

六、带电流截止负反馈的转速负反馈直流调速系统

（一）引导问题

1. 电流截止负反馈的作用是什么？

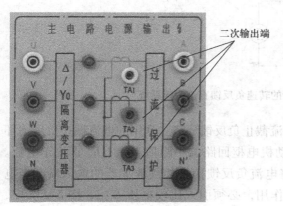

图 5-20　电流互感器

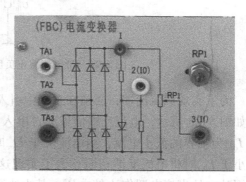

图 5-21　电流变换器

2. 电流截止负反馈是如何实现的?

(二) 咨询资料

在生产实践中, 可能会出现直流电动机全压起动的情形, 如果没有限流措施, 就会产生很大的冲击电流, 这不仅对电动机的换向不利, 对过载能力较差的晶闸管来说, 更是不能允许的, 可能会由于通过晶闸管的电流过大而造成击穿。

采用转速负反馈的闭环调速系统突然加上给定电压时, 转速不可能立即建立起来, 反馈电压仍为零, 相当于偏差电压 $\Delta U = U_{gd}$, 差不多是其稳态工作值的 $(1 + K)$ 倍。这时, 整流电压 U_d 一下子就达到它的最高值。对电动机来说, 相当于全压起动, 这是不允许的。

另外, 有些生产机械的电动机可能会遇到堵转的情况, 例如, 由于故障, 机械轴被卡住或挖土机运行时碰到坚硬的石块等。由于闭环系统的静特性很硬, 若无限流环节, 电流将远远超过允许值。而如果只依靠过电流继电器或熔断器保护, 一过载就跳闸, 也会给正常工作带来不便。

为了解决反馈闭环调速系统起动和堵转时电流过大的问题, 系统中必须有自动限制电枢电流的环节。根据反馈控制原理, 要维持哪一个物理量基本不变, 就应该引入该物理量的负反馈。那么, 引入电流负反馈, 应该能够保持电流基本不变, 使它不超过允许值。但是, 这种作用只允许在起动和堵转时存在, 在正常运行时又得取消, 让电流自由地随着负载增减。

像这样, 当电流达到一定程度时, 才出现的电流负反馈叫做电流截止负反馈, 简称截流反馈。

带电流截止负反馈的转速负反馈直流调速系统如图 5-22 所示。

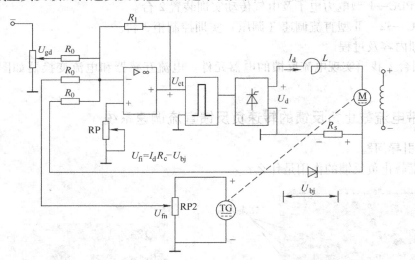

图 5-22   带电流截止负反馈的转速负反馈直流调速系统

为了实现截流反馈, 必须在系统中引入电流截止负反馈环节。常用的电流截止负反馈环节如图 5-23 所示, 电流反馈信号取自串入电动机电枢回路的小阻值 R_s, $I_d R_s$ 正比于电流。设 I_{dcr} 为临界的截止电流, 当电流大于 I_{dcr} 时将电流负反馈信号加到放大器的输入端, 当电流小于 I_{dcr} 时将电流反馈切断。为了实现这一作用, 必须引入比较电压 U_{com}, 图 5-23a 中, 利用独立的直流电源作比较电压, 其大小可用电位器调节, 相当于调节截止电流。在 $I_d R_s$

与 U_{com} 之间串接一个二极管 VD，当 $I_d R_s > U_{com}$ 时，二极管导通，电流负反馈信号 U_i 即可加到放大器上去；当 $I_d R_s \leqslant U_{com}$ 时，二极管截止，U_i 即消失。显然，在这种电路中，截止电流 $I_{dcr} = U_{com}/R_s$。图 5-23b 中利用稳压二极管 VS 的击穿电压 U_{br} 作为比较电压，该电路要简单得多，但是不能平滑调节截止电流值。

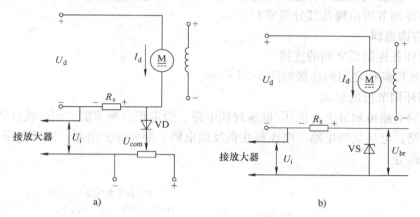

图 5-23　电流截止反负馈环节
a）利用独立的直流电源　b）利用稳压二极管

当 $I_d R_s$ 大于稳压二极管 VS 的稳压值 U_Z 时，稳压二极管反向击穿，输出电压 $U_{fi} = I_d R_s - U_Z$；当 $I_d R_s$ 小于稳压二极管 VS 的稳压值 U_Z 时，稳压二极管处于截止状态，$U_{fi} = 0$。

图 5-23 中的两种电流截止负反馈环节，由于在电枢回路串了电阻 R_s，会影响系统的静特性，增加转速降。在小容量的调速系统中应用比较普遍，但对于大容量的电动机则应采用直流电流互感器检测电流，如图 5-19 所示。

（三）技能训练

1. 实训器材

THPDC-1 型电力电子及电气传动实训装置 2 台。

2. 实训内容及过程

在实训台上找出带电流截止负反馈的转速负反馈直流调速系统各组成部分。

（四）评价标准

评价内容	分值	评分		
		自我评价	小组评价	教师评价
能掌握电流截止负反馈的作用	20			
能掌握电流截止负反馈的实现方法	20			
能在实训台上找出各组成部分	20			
安全意识	10			
团结协作	10			
自主学习能力	10			
语言表达能力	10			
合计				

七、单闭环调速系统调节板

（一）引导问题

1. 单闭环各控制板之间有怎样的连接关系？

2. 单闭环调节板由哪几部分组成？

（二）咨询资料

1. 单闭环各控制板之间的连接

单闭环各控制板之间的连接如图 5-24 所示。

2. 单闭环调节板的组成

调节板的电路可划分为：低压/低速封锁电路、给定积分调节器、积分线性放大调节器、正负限幅电路、电压反馈电路、电流截止负反馈电路、断相保护电路、滞环电压比较器、过电流保护电路等。

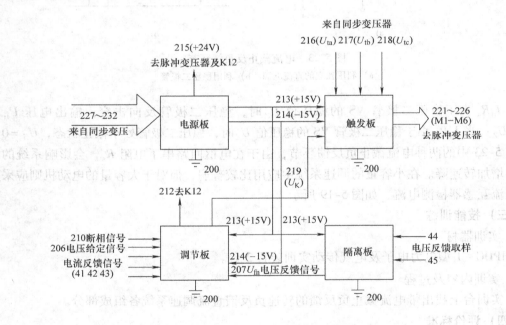

图 5-24　单闭环各控制板之间的连接

（1）**给定积分调节器**　在实际控制系统中，当给系统突加一个阶跃给定信号时，系统会产生冲击效果。首先，起动时突加给定时，电动机此时的转速为零，电枢绕组内没有反电动势形成，此时将会产生很大的负载电流，该电流可能会使晶闸管损坏；其次，因为晶闸管的导通是一个过程，过大的电流也会使其局部击穿；最后，电流的上升率太快，可能会导致晶闸管的门极击穿。为此必须使用能把阶跃信号变换为缓变信号的电路，而积分调节器能满足这一要求。因此积分器在给定电路中，故称为给定积分器。

（2）**积分线性放大调节器（滤波型放大调节器）**　该电路近似于积分调节器的惯性环节，可将信号成比例放大的同时，还具有减小静差率，提高稳定性的作用。放大倍数可靠放大，由于 C9、C10 的作用，使输出信号不能突变，只能缓慢变化。

（3）正负限幅电路　控制 U_K 值在 $U_2 - 0.7\text{V} \sim U_1 + 0.7\text{V}$ 之间变化，合理调节 U_1 及 U_2 可以有效地控制 U_K 的变化范围。

（4）电压反馈电路　反馈电压信号由电枢两端经取样电路，在电阻 R108 上由 44 号和 45 号线取出，送到隔离板上，经隔离电路和调制解调电路处理后，由电位器 W1 的中心点输出给调节板的 207 号。

（5）零速封锁电路　为了防止系统电动机在给定信号很小的时候出现爬行现象，在设计时应考虑保护电路，零速封锁电路就能防止此现象的发生。

（6）电流截止负反馈电路　在主电路的交流侧通过交流互感器将信号（41 号、42 号、43 号）取出，经三相桥式整流电路整流后，为 $+U_{fi}$ 和 $-U_{fi}$ 两个信号。$+U_{fi}$ 作为截流负反馈的监测信号。当负载电流 $I < 1.25I_e$ 时，电流截止负反馈不影响电路，当 $I > 1.25I_e$ 时由于反馈的作用使电动机电枢绕组两端电压下降，有效地进行过载保护，且当负载减小后还可以自动恢复正常进行。

（7）过电流保护电路　该电路将 $+15\text{V}$ 经调节限流设定电位器 W5 可以获得一个合适的基准比较电压 U_1，且 $U_1 \approx 3\text{V}$。将电流反馈信号 $-U_{fi}$ 通过 W4 的调节可得到反馈信号 U_2 且 $U_2 < 0$。此信号与基准比较电压信号在 LM311 的正输入端叠加，两信号比较后使滞环比较器输出翻转，保护电路起作用。滞环比较器电路的作用是抗干扰的，此电路环宽仅为 0.3V 左右。$U_2 + U_3$ 为过电流或断相，当 $(U_2 + U_3) > 1\text{V}$ 时，电路中的保护电路工作。

（8）断相保护电路　将断相变压器的二次侧输出信号 Q_x 经二极管 D14 的半波整流后，由 C14，R25 滤波得到反馈信号 U_3，且 $U_3 < 0$。$U_3 = -127/220 \times 65 \times 0.5 = -14\text{V}$。此信号与基准比较电压信号在 LM311 的正输入端叠加。

单闭环调节板及其工作原理如图 5-25、图 5-26 所示。

图 5-25　单闭环调节板

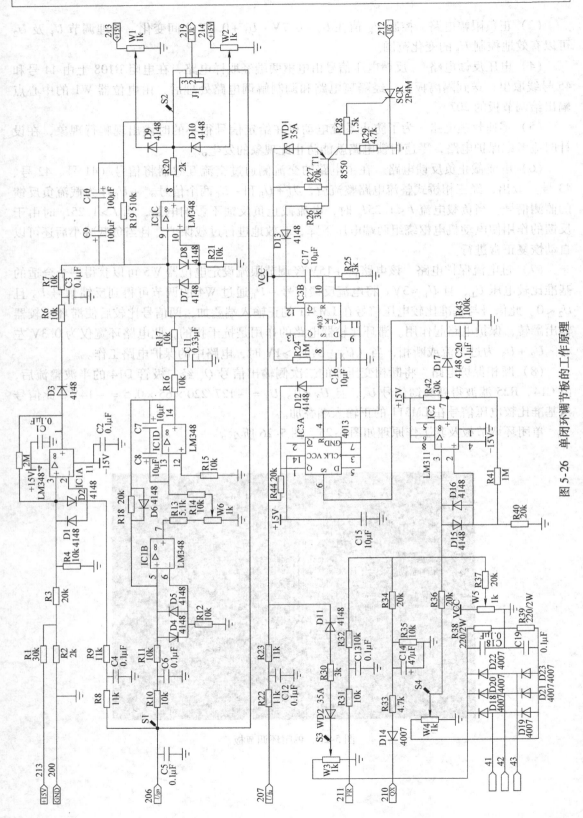

图 5-26　单闭环调节板的工作原理

126

（三）评价标准

评价内容	分值	评分		
		自我评价	小组评价	教师评价
能掌握单闭环各控制板之间的连接关系	20			
能掌握单闭环调节板的组成	20			
能掌握单闭环调节板各部分的作用	20			
安全意识	10			
团结协作	10			
自主学习能力	10			
语言表达能力	10			
合计				

八、系统调试

（一）引导问题

晶闸管直流调速系统单闭环调试的主要内容是什么？

（二）咨询资料

1. 调试前的检查

根据电气图样，检查主电路各部件及控制电路各部件间的连线是否正确，线头标号是否符合图样要求，连接点是否牢固，焊接点是否有虚焊现象，连接导线的规格是否符合要求，接插件的接触是否良好等。

2. 继电控制电路的通电调试

取下各插接板，然后通电，检查继电器的工作状态和控制顺序等，用万用表查验电源是否通过变压器和控制触点送到了整流电路的输入端。

3. 对各控制板的调试

（1）电源板　首先检查各输入量是否正常，用引出线引出，逐点测量。而后将电源板安装好，闭合控制电路，观察各指标是否正常工作后，再测量各输出点电压是否正确，即有无 +24V，+15V，-15V 输出，并检查输出连线是否完整。

前面板的各测试点的含义如下：

S1：+24V 测试点　　　　　　　　　　　S2：+15V 测试点

S3：-15V 测试点　　　　　　　　　　　S4：参考电位测试点

（2）触发板　此时由于调节板没有安装，所以 $U_k = 0V$。首先闭合控制电路，用引出线引出并测量各输入量是否正确，即 +15V、-15V、U_{Ta}、U_{Tb}、U_{Tc}、0V。若各输入量均正确后，将触发板安装好，调节 W1、W2、W3，并测量各测量点电压均为 6.3V，锯齿波斜率为 20°/V，调节 W4 即 U_p 值，当三相全控桥感性负载时，令 $U_p = -4.5V$（初始角为 90°），当三相全控桥为阻性负载时，令 $U_p = 6V$（初始角为 120°），应有输出脉冲，用示波器观察。

前面板的各调节电位器和测试点的含义如下：

W1：斜率（U 相的斜率）电位器　　　　　S1：斜率值（U 相）

W2：斜率（V 相的斜率）电位器 　　　　S2：斜率值（V 相）

W3：斜率（W 相的斜率）电位器 　　　　S3：斜率值（W 相）

W4：偏置电压（初相角）电位器 　　　　S4：偏置电压值

（3）隔离板　首先检查各输入量是否正常，即 +15V 是否正常，接线是否正确。而后插入电源板和隔离板，此时主电路尚未工作，所以 44 号与 45 号线均无电压。闭合控制电路应有蜂鸣声，则表示振荡变压器工作正常，2kHz 方波已经产生。前面板的各调节电位器和测试点的含义如下：

W1：电压反馈值调整电位器 　　　　　　S1：电压反馈值测试点

（4）调节板　调节板是控制电路的核心，首先检查各输入量是否正常，$-15V$，$+15V$，$U_g = 0 \sim 10V$，$U_{fu} = 0V$，$Q_x = 0V$，而后将调节板安装好，把短路环放在开环位置，测量 $U_k = 0 \sim 10V$。闭合主电路，观察输出是否连续可调。

前面板的各调节电位器和测试点的含义如下：

W1：正限幅电位器，其整定值为最小整流角 　　S1：电压给定值测试点

W2：负限幅电位器，其整定值为最小逆变角 　　S2：PI 调节器输出值测试点

W3：截流值大小调整电位器 　　　　　　　　　S3：过电流值测试点

W4：过电流值大小调整电位器 　　　　　　　　S4：截流值测试点

W5：过电流值设定电位器

W6：给定积分值调整电位器（在电路板上）

4. 开环调整（阻性负载）

各板调整好以后，进行整机联调。

1）初始相位角的调整。将四块功能板安装好，调节板置于开环状态，给定调节电位器调至最小，并接通控制电路、主电路和给定电路，调节给定调节电位器使 $U_g = 0V$，调整触发板的 W4 电位器，使 $U_d = 0V$，初始相位角调整结束。

2）调节给定调节电位器，逐渐加大给定电压至最大值，观察电压表的变化，电压指示应连续增加至 300V，且线性可调。

3）至此系统开环状态已调整好。其正常状态为：$U_{W1} = 6V$，$U_{W2} = 6V$，$U_{W3} = 6V$，$U_{W4} = -6V$；$U_g = 0 \sim 10V$，$U_d = 0 \sim 300V$，且连续可调；负载电流表有一定的电流值。

5. 闭环调试

将隔离板上的电压反馈电位器 W1（逆时针）调整到最大（即取消反馈电压）；将调节板上的限幅电位器 W1 调至限幅值为 5V 左右；调节给定电位器，逐渐加大给定电压使给定值达到最大，输出电压应为最大即 $U_d = 300V$；调节调节板上的限幅电位器 W1，使输出电压 $U_d = 270V$；逐渐加大隔离板上的电位器 W1（顺时针），使输出电压 $U_d = 220V$，此时闭环调整结束。其正常状态为：$U_{W1} = 6V$，$U_{W2} = 6V$，$U_{W3} = 6V$，$U_{W4} = -6V$；限幅值为 5V 左右；$U_g = 0 \sim 10V$，$U_d = 0 \sim 220V$，且连续可调；负载电流表有一定的电流值。

6. 带模拟负载时过电流值和节流值的整定

（1）过电流值的整定　将调节板内 W5 的输出电压调整到 6 ~ 7V，闭合各电路，调节给定电位器，使输出电压达到 220V；增加负载（即调节电阻箱的阻值），负载电流增加，当电流表指示电流值达到电枢额定电流值的 2.2 倍时（$I_d = 2.2I_e$），停止增加负载；调整调节板上的电位器 W4，使保护电路动作，即切断主电路，故障指示灯亮；此时调整调节板上的

电位器 W4 的电压值为）过电流值的整定值。切断控制电路，将电阻箱的阻值复原。

（2）截流值的调整　将调节板上的电流截止负反馈电位器 W3 顺时针调整到最大，闭合各电路，调节给定电位器，使输出电压达到 220V；增加负载（即调节电阻箱的阻值），负载电流增加，当电流表指示电流值达到电枢额定电流值的 1.5 倍时（$I_d = 1.5 I_e$），停止增加负载；调整调节板上的电流截止负反馈位器 W3（逆时针），当电压表数值开始减小时，停止调节电流截止负反馈电位器 W3，再增加负载，此时负载电流基本保持不变，而输出电压却在下降。截流值整定调试完毕。

至此，系统（带模拟负载）调整完毕。

7. 带电动机负载的保护环节调试

（1）过电流值的整定　将调节板内 W5 的输出电压调到 6～7V，闭合各电路，调节给定电位器，使输出电压达到 220V；增加负载，负载电流增加，当电流表指示电流值达到电枢额定电流值的 2.2 倍时（$I_d = 2.2 I_e$），停止增加负载；调整调节板上的电位器 W4，使保护电路动作，即切断主电路，故障指示灯亮；此时调整调节板上的电位器 W4 的电压值为过电流值的整定值。

（2）电动机堵转截流值的调整　将调节板上的电流截止负反馈电位器 W3 顺时针调到最大，闭合各电路，调节给定电位器，使输出电压达到 220V；增加负载使电动机堵转，调整调节板上的电流截止负反馈位器 W3（逆时针），当电压表数值开始减小时，停止调节电流截止负反馈位器 W3，再增加负载，此时负载电流基本保持不变，而输出电压却在下降。截流值整定调试完毕。

（三）评价标准

评价内容	分值	评分		
		自我评价	小组评价	教师评价
能掌握单闭环调试的主要内容	30			
能进行单闭环调试	30			
安全意识	10			
团结协作	10			
自主学习能力	10			
语言表达能力	10			
合计				

九、故障检修

（一）引导问题

1. ±15V 输出电压低，指示灯亮度低，分析其原因是什么？如何检修？

2. 没有 +15V 输出，其他正常，分析其原因是什么？如何检修？

3. 某相没有触发脉冲，分析其原因是什么？如何检修？

4. 没有 U_k 输出，分析其原因是什么？如何检修？

（二）咨询资料

序号	故障现象	故障原因	检修方法
1	±15V 输出电压低，指示灯亮度低	直流稳压电源输入电压低，整流二极管故障	测量 7815 和 7915 的输入电压是否偏低，测量各二极管是否完好
2	没有 +15V 输出，其他正常	7815 的输入或输出断开或 7815 损坏	检查 7815 的输入电压正常，输出为 0V，电阻法检查接线、检测 7815 好坏等
3	某相没有触发脉冲	同步电压 U_{Ta}，U_{Tb}，U_{Tc} 断相或某相对应的 KC04 损坏	检测同步电压是否加到触发电路，检测 KC04 是否损坏，用示波器观看 U_d 和 U_{vT} 波形，判断是哪一相没有脉冲
4	没有 U_k 输出	LM324 损坏，或 LM324 没有工作电压，无法正常工作	检查 +15V 或 −15V 电源，检测 LM324 好坏

（三）评价标准

评价内容	分值	评分		
		自我评价	小组评价	教师评价
能分析常见故障的原因	30			
能对常见故障进行检修	30			
安全意识	10			
团结协作	10			
自主学习能力	10			
语言表达能力	10			
合计				

◆ 知识拓展

在任务一中，控制电压与输出转速之间只有顺向作用而无反向联系，即控制是单方向进行的，输出转速并不影响控制电压，控制电压直接由给定电压产生。能实现一定范围内的无级调速，而且结构简单。但是，在本任务中要实现的无级调速对静差率提出较严格的要求，不能允许很大的静差率。开环调速系统不能满足较高的性能指标要求。根据自动控制原理，为了克服开环系统的缺点，提高系统的控制质量，必须采用带有负反馈的闭环系统。

1. 开环控制系统

若系统的输出量不反送到输入端参与控制，转速 n 与输入量 U_{gd} 之间在电路上没有任何直接的联系，这种控制系统叫作开环控制系统。图 5-27a 所示的晶闸管供电直流电动机拖动系统就是一个典型的开环控制系统。其中参考输入量（控制量）是 U_{gd}；输出量是转速 n。在该系统中，对每一个参考输入量的值，都对应一个固定的工作状态和输出；当改变参考输入量时，可以改变系统的状态和输出。由图可知，该系统只有输入量对输出量的前向控制作用，没有输出量反向影响输入量的控制作用，所以称它为开环控制系统，其结构示意图如图 5-27b 所示。

根据生产工艺的要求，通常希望电动机的转速恒定或者按照预定的规律变化；但由于电

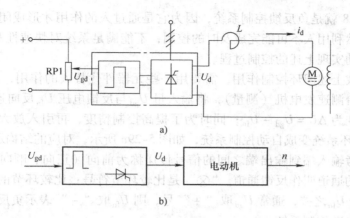

图 5-27　典型的开环控制系统及其结构示意图

a）典型的开环控制系统　b）开环控制系统结构示意图

动机负载的改变，供电网电压及频率的波动，以及由于环境变化系统内部参数的改变等原因，常使电动机的转速偏离预定的要求，所有这些使转速偏离预定要求的因素称为扰动或干扰。通过分析可知，负载的变化是最常见的、最主要的扰动。例如在图 5-27 所示的开环系统中，当负载变化（外来扰动）时，电动机的转速也随之变化，扰动量越大，转速变化也越大。开环控制系统在控制过程中，对可能出现的偏离预定要求的误差没有任何修正能力，因此其抗干扰能力较差，控制精度较低，常用在调速性能要求不高的场合。

2. 闭环控制系统

若系统的输出量被反送到输入量参与控制，即输出量 n 与输入量 U_{gd} 之间通过反馈环节（测速发电动机 TG）联系在一起形成闭合回路系统，这种控制系统称为闭环控制系统。如果要求图 5-27 所示控制系统的转速维持不变，可以在电动机轴上装转速表。假如发现由于扰动使转速表读数和所要求的转速之间产生误差，则可根据误差的符号和大小，人为地改变参考输入电压 U_{gd}，使转速回到原来的数值不变，这一过程可用图 5-28 来表示。

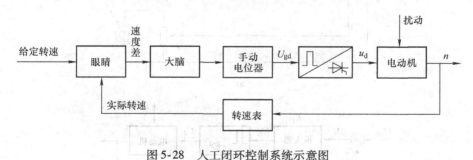

图 5-28　人工闭环控制系统示意图

由图可知，该系统既有参考输入量 U_{gd} 控制着输出量 n 的前向或称顺向控制作用，也有将输出量 n 引回到输入端的反向控制作用，形成一个闭环控制的形式，所以称它为闭环控制系统。

通常，我们把输出量引回到输入端与参考输入量进行比较的过程称为反馈。如果反馈信号极性与输入信号极性相反，称为负反馈；极性相同时称为正反馈。在自动控制系统中，多用负反馈。图 5-28 就是负反馈控制系统，因为它是通过人的作用才形成闭环的，故称为人工闭环系统。显然利用人不可能完成及时的控制，不能满足系统对快速性和高精度的要求，因此必须设法自动实现上述的控制过程。

若要自动完成上述闭环控制作用，需要用一些元器件代替人的作用，为此可在图 5-28 的基础上安装一台测速发电机（测量），将输入量 U_{gd} 与反馈电压 U_{fn} 反向连接（比较），直接的控制作用就变为 $\Delta U = U_{gd} - U_{fn}$；同时为了提高控制精度，再引入放大器，其放大系数为 K_p，则人工闭环系统变成自动控制系统，如图 5-29a 所示，对应的结构示意图如图 5-29b 所示。图中从参考输入端到输出端之间的信号传递称为前向（正向、顺向）通道；从输出端引回到输入端的通道叫作反馈通道。"$\otimes$" 是比较环节符号；比较环节的输入是参考输入量 U_{gd} 与反馈信号 U_{fn} 之差，通常 U_{gd} 取 "＋" 号，则 U_{fn} 取 "－" 表示负反馈。具有反馈控制的系统，称为自动控制系统。

图 5-29 所示系统的自动控制过程是：如果系统在某一负载下稳速运行，当负载（扰动）增大时，转速下降，但由于闭环控制的作用，可使转速回升，控制过程可表示为负载增加→$n\downarrow$→$U_{fn}\downarrow$→ΔU（$= U_{gd} - U_{fn}$）$\uparrow$→$U_{ct}\uparrow$→$U_d\uparrow$→$n\uparrow$。闭环控制可以补偿由于负载变化引起的转速变化，还能补偿由于系统参数变化（例如放大器放大系数变化等）引起的转速变化，提高了系统的控制精度和抗干扰能力。

需要指出的是，只有按负反馈组成的闭环系统才能实现自动控制。闭环控制的突出优点是具有自动修正被控量偏离希望值的能力，因此它具有较高的控制精度和较强的抗干扰能力，这也是反馈控制的主要特点和作用原理。但是，由于引入反馈后系统容易产生振荡，甚至不稳定，所以在设计控制系统时必须给予充分的注意。

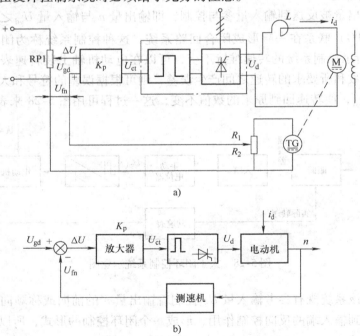

图 5-29 典型的闭环控制系统及其结构示意图

a）典型的闭环控制系统　b）闭环的控制系统结构示意图

学习活动 3　制订工作计划

一、画出龙门铣床单闭环直流调速系统结构框图

我们在学习活动 2 中学习了单闭环直流调速系统的组成，根据学过的内容，设计并画出龙门铣床单闭环直流调速系统结构框图。

二、列出材料计划清单

根据你设计的电路，列出所需材料清单。

序号	名称	规格型号	数量	备注

学习活动 4　任务实施

一、安全技术措施

1）变压器、电动机在投入运行前要进行外观检查，各部结构没有缺陷。
2）变压器、电动机投入使用运行前必须进行各种绝缘测试。绝缘等级符合要求，方可使用。
3）停送电联系必须是专人负责，任何人无权下令停送电。
4）停电后，必须认真执行验电、放电，并做好三相短路接地措施。
5）各部分电路必须有过电压、过电流、短路保护措施。
6）元器件在使用前必须进行测试，技术参数符合技术要求，方可使用。

二、工艺要求

1）元器件布置要合理。
2）电路连线工艺要美观，走线横平竖直，尽量减少跨线。
3）截面积大的电缆对接要用专用的接线装置。

三、技术规范

1）主电路输出的直流电压要满足现场工艺要求。
2）触发电路触发延迟角控制在 0°～30°。
3）整流变压器和控制变压器二次测输出电压波动不能超过 ±5%。
4）励磁电流必须是额定值，不能出现波动。
5）直流稳压电源输出的 ±15V、24V 必须是恒定值。
6）调试前应将给定调节电位器调至最小，逐渐加大给定电压。

四、任务实施

1）按照直流电动机单闭环调速系统工作原理图（见图5-30）正确连接各单元，并检查线路。

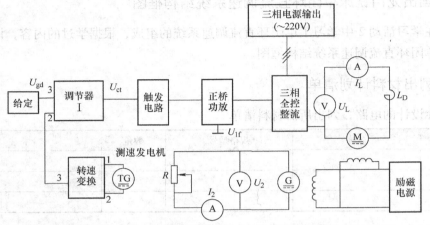

图5-30　带电流截止负反馈的转速负反馈直流调速系统的工作原理图

2）继电控制电路的检查。

3）电源板、触发板、隔离板、调节板调试。

4）开环调试。

5）闭环调试。

6）保护调试，完毕后切断电源。

7）对调试过程中出现的故障进行排除，并加以记录。

故障检查修复记录

检修步骤	过程记录
观察到的故障现象	
分析故障现象原因	
确定故障范围，找到故障点	
排除故障	

五、评价标准

评价内容	分值	评分		
		自我评价	小组评价	教师评价
能正确连接各单元	20			
能进行继电控制电路的检查	20			
能进行电源板、触发板、调节板调试	20			
能进行单闭环系统运行调试	10			
出现故障正常排除	10			
遵守安全文明生产规程	10			
施工完成后认真清理现场	10			
合计				

学习活动5 总结与评价

参照表1-5进行综合评价。

 习题

一、填空题

1. 比较环节是将（　　　）信号与（　　　）信号进行比较，其差值为偏差信号。

2. 比例积分调节器有（　　　）个输入端，（　　　）个输出端。

3. 比例积分调节器的输出电压由两部分组成，一部分是（　　　），另一部分是（　　　）。

4. 零速封锁环节首先将（　　　）信号通过LM324转换成（　　　）信号。

5. 运算放大器LM741的反馈电路中接了（　　　）及（　　　），构成了比例积分电路。

6. 转速负反馈有静差直流调速系统调节器使用（　　　）调节器，转速反馈使用（　　　）作为反馈元件。

7. 直流调速系统中的主要扰动是（　　　），其次是（　　　）。

8. 采用电流补偿的方法，引入电流（　　　）反馈，就可以解决静态速降的问题。电流反馈电阻 R_S 串在（　　　）回路中。

二、判断题

（　　）1. 闭环控制系统的反馈采用的是正反馈。

（　　）2. 输入信号与反馈信号的差值进行比较后，作为放大器的输入信号。

（　　）3. 反馈就是将系统输出量的一部分或者全部通过某一环节送回到输入端。

（　　）4. 闭环控制系统的稳定性比开环控制系统好。

（　　）5. 所谓反馈是把输出量反送到输入量参与控制。

（　　）6. 闭环控制当负载变化时转速基本不变。

（　　）7. 闭环控制系统有转速反馈。

（　　）8. 比例调节器没有反馈电阻。

（　　）9. 比例调节器的输出电压被放大了 K_p 倍。

（　　）10. 比例积分调节器的反馈回路有电容。

（　　）11. 带输出限幅的比例积分调节器通过调节RP1来限制正向电压。

（　　）12. 当放大器输出电压大于限幅值时，输出电压不变，为限幅值。

（　　）13. 直流调速系统采用的调节器是积分调节器。

（　　）14. 转速调节器采用的是比例积分调节器。

（　　）15. 转速调节器采用的是正反馈。

（　　）16. 速度调节器的RP1和RP2为正、负限幅调节器，限制输出的电压。

（　　）17. 在应用有静差调速环节时，将C3短接，使得该调节器变为比例调节器。

（　　）18. 在零速封锁环节输出 $-15V$ 时可以工作。

（　　）19. 有静差调速系统的调节器是比例积分调节器。

（　　）20. 无静调速系统在稳态时偏差电压 ΔU 等于0。

（　　）21. 比例积分控制的系统只是在调节过程中有偏差。

（　　）22. 在输入信号为阶跃信号时，比例积分调节器在没有达到饱和时，其输出是随时间线性增长的。

（　　）23. 在 PI 调节器突加给定电压信号时，由于电容两端的电压不能突变，开始为 0，相当于电容瞬间短路。

（　　）24. 比例积分调节器接受任何一个突变的控制信号时，输出只能逐渐增长。

（　　）25. 电流正反馈的作用又称为作电流补偿作用。

（　　）26. 电流大小的变化反映了负载的扰动。

（　　）27. 补偿控制参数配合得恰到好处，可使静差为零，叫作过补偿。

（　　）28. 在电压负反馈的基础上，增加电流正反馈，其性能可以得到改善。

（　　）29. 在主电路中串入电阻 R_S，由 IDRS 取出电流信号作为电流反馈信号。

（　　）30. 为了实现截流反馈，必须在系统中引入电流补偿反馈环节。

（　　）31. 电流截止负反馈的作用只允许在起动和堵转时存在，正常运行时又得取消。

（　　）32. 当电流大于截止电流 I_{dcr} 时将电流负反馈信号加到放大器的输入端。

（　　）33. 在小容量的调速系统中应用电枢回路串电阻的电流截止负反馈环节。

（　　）34. 电流截止负反馈环节的输入输出特性表明：当输入信号 $I_D > I_{dcr}$ 时，输出为负。

三、简答题

1. 什么是开环控制系统？

2. 什么是闭环控制系统？

3. 闭环控制系统的优点是什么？

4. 开环控制系统与闭环控制系统哪个稳定性好？

5. 指出 TG 的型号含义。

6. 根据比例积分调节器的输入—输出特性曲线说明输出电压的组成。

7. 说明带输出限幅的比例积分电路的限幅原理。

8. 控制回路的调节器是哪种调节器？

9. 零速封锁的作用是什么？

10. 为什么用比例积分调节器控制的系统是无静差的？比例积分调节器在调节过程中如果输入偏差电压为 0V，那么主输出的电压是否也为 0V？

11. 转速负反馈采用什么元器件实现反馈？安装时有什么要求？

12. 当电动机的励磁发生扰动时，采用电压负反馈可以克服吗？为什么？

13. 电流正反馈的补偿原理是什么？

14. 采用电压负反馈的调速系统为什么还要增加电流补偿环节？

15. 电流截止负反馈的作用是什么？

四、画图题

1. 画出单闭环控制系统框图。

2. 画出比例积分调节器电路图。

3. 画出比例调节器电路图。

4. 画出带限幅的比例积分调节器电路图。

5. 画出带限幅的比例调节器电路图。

6. 画出调节器的电路符号。

煤矿副提绞车双闭环
直流调速系统的维修与调试

学习目标：

1. 能掌握双闭环直流调速系统的优点。
2. 能掌握双闭环直流调速系统的组成及工作过程。
3. 能独立完成双闭环直流调速系统的接线。
4. 能独立完成双闭环直流调速系统维修调试操作。

情景描述

在单闭环调速系统中，转速调节器采用 PI 调节器后不仅能够保证动态稳定，而且可以消除静态误差，另外通过引入电流截止负反馈，还能限制电流冲击。但是，系统的动态性能还是不能令人满意，因为这种单闭环调速系统不能在充分利用直流电动机过载能力的条件下获得快速响应，对扰动的抑制能力也较差，因此其应用范围受到一定的限制。

转速和电流双闭环调速系统，可以把转速和电流分开控制，设置了转速和电流两个调节器，因此，它具有动态响应快、抗干扰能力强等优点。

学习活动1　明确工作任务

双闭环直流调速系统是在单闭环调速系统的基础上，增加电流负反馈，构成双闭环控制系统。本任务以煤矿副提绞车双闭环直流调速系统的维修与调试为例，来学习和掌握转速和电流双闭环直流调速系统。

学习活动2　相关知识学习

一、双闭环直流调速系统

（一）引导问题

1. 单闭环转速负反馈调速系统中增加了电流截止保护，为什么还要增加一个电流调节器构成双闭环调节呢？

2. ASR、ACR 各代表什么意义？

3. 双闭环直流调速系统的反馈采用的是正反馈还是负反馈？

4. 转速调节器和电流调节器的输入和输出分别是什么？

5. 转速和电流双闭环直流调速系统由哪几部分组成？

（二）咨询资料

1. 转速和电流双闭环直流调速系统的应用

由学习任务五可知，采用 PI 调节器的单闭环直流调速系统，既保证了动态稳定性又实现了无静差，解决了动态和静态之间的矛盾。然而，仅靠电流截止环节来限制起动和升速时的冲击电流，性能不能令人满意，为充分利用电动机的过载能力，加快起动过程，专门设置一个电流调节器，构成电流转速双闭环调速系统，实现在最大电枢电流约束下的转速过渡过程的最快"最优"控制。例如龙门刨床、可逆轧钢机经常正反转运行的调速系统中，尽量缩短起动、制动过程的时间，是提高生产率的重要因素。为此，在电动机最大电流（转矩）受限的条件下，希望充分利用电动机的允许过载能力，最好是在过渡过程中，始终保持电流（转矩）为允许的最大值，是电力拖动系统尽可能用最大的加速度起动，到达稳态转速后，又让电流立即降低下来，使电动机的转矩马上与负载转矩相平衡，从而转入稳态运行。

为了实现在允许条件下最快的起动，关键是要获得一段使电流保持为最大值的恒流过程，按照反馈控制规律，采用电流负反馈就可以使电动机在起动时保持恒定电流的过程。但是，存在的问题是，希望在起动过程中只有电流负反馈，而不能让它和转速负反馈同时加到一个调节器的输入端。待电动机达到稳态转速后，又希望只要转速负反馈，不再靠电流负反馈发挥主要的作用。怎样才能实现这一控制要求呢？

事实上，双闭环直流调速系统正是用来解决这个问题的。在双闭环直流调速系统中，若将转速反馈和电流反馈信号同时引入一个调节器的输入端，则两种反馈量会互相牵制，不可能获得理想的控制效果。因此，在系统中设置了两个调节器，分别控制转速和电流，并且将两个调节器串级连接。转速负反馈的闭环在外面，称为外环；电流负反馈的闭环在里面，称为内环。双闭环直流调速系统的工作原理如图 6-1 所示。图中，ASR 为速度调节器，ACR为电流调节器，两调节器作用互相配合，相辅相成。

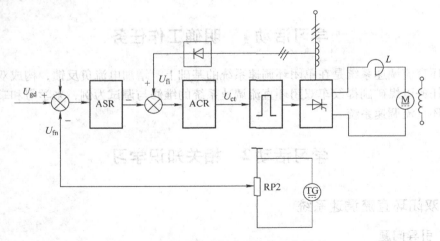

图 6-1　双闭环直流调速系统的工作原理

为了使转速和电流双闭环直流调速系统具有良好的静态和动态性能，电流和转速两个调节器一般采用 PI 调节器，且均采用负反馈。考虑触发装置的控制电压为正电压，运算放大器又具有倒相作用，图中标出了相应信号的实际极性。速度调节器的输入为转速给定信号 U_{gd} 和转速反馈信号 U_{fn}，比较后的偏差信号 $\Delta U = U_{gd} - U_{fn}$。速度调节器的输出作为电流给定信号 U_{gi}，与电流反馈信号比较后得偏差信号 $\Delta U_i = U_{gi} - U_{fi}$。其电流调节器的输出信号 U_{ct} 为触发移相电路的控制信号。

速度调节器 ASR 的输出限幅电压值 U_{gi} 决定了电流调节器 ACR 的给定电流的最大值，该值完全取决于电动机的过载能力和系统对最大速度的需要。电流调节器 ACR 输出正限幅值（$+U_{ctm}$）则表示触发装置最小触发延迟角 α（α_{min}）对晶闸管装置输出电压最大值 U_{do} 的限制。

2. 转速和电流双闭环直流调速系统的组成

由图 6-1 可知，该系统由转速给定、速度反馈装置、电流反馈装置、速度调节器、电流调节器、触发电路、可控整流电路、电动机—发电机机组组成。

速度调节器和电流调节器采用 PI 调节，在稳态时输入偏差信号为零，即给定信号与反馈信号的差值为零，属无静差调节。

速度调节器 ASR 的工作原理如图 6-2 所示。

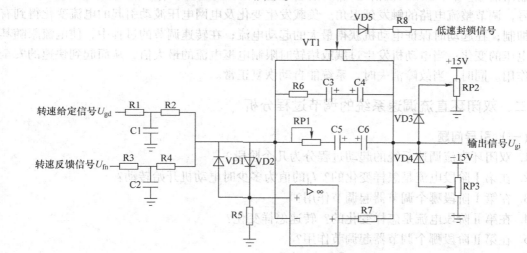

图 6-2　速度调节器 ASR 的工作原理

速度调节器是把给定电压信号 U_{gd} 与反馈电压信号 U_{fn} 进行比例积分运算，通过运算放大器使输出按某种预定的规律变化。输出电压 U_{gi} 作为电流调节器的给定信号。通过转速反馈，使得系统的转速稳定，无静差。电动机的转速跟随给定电压的变化而变化；对负载的变化起抗干扰作用；同时系统在刚刚开始工作的一段时间内，输出电压 U_{gi} 达到限幅值，从而使系统在最大起动电流的情况下起动。

电流调节器 ACR 电路的工作原理如图 6-3 所示。

电流调节器的作用与速度调节器的作用类似，它把速度调节器的输出信号与电流反馈信号进行比例积分运算。在系统中起到维持电流恒定的作用，并保证在过渡过程中维持最大电流不变，以缩短转速的调节过程。在工作时，零速封锁的信号来自于零速封锁环节的输出信

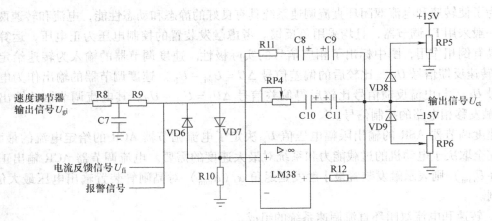

图 6-3 电流调节器 ACR 电路的工作原理

号。其输入的两个信号一个来自于速度调节器的输出信号 U_{gi}，另外一个来自于电流反馈信号。电流调节器的给定信号是速度调节器的输出信号 U_{gi}，电流环的反馈信号来自于交流电流互感器的输出，它们经过整流电路整流，取出部分信号作为电流反馈信号 U_{fi}。速度调节器的输出信号 U_{gi} 与电流反馈信号 U_{fi} 的偏差通过 PI 运算后的输出信号 U_{ct} 作为触发电路的控制信号，调节整流电路的触发延迟角。负载发生变化及电网电压波动引起的电流变化得到有效的抑制；在起动时保证电动机获得最大的起动电流；在转速调节的过程中，使电流跟随其给定电压的变化；当电动机发生过载或堵转时限制电枢电流的最大值，从而起到快速的安全保护作用。同时，当故障消失时，系统能自动恢复正常。

二、双闭环直流调速系统的调节过程分析

（一）引导问题

1. 双闭环直流调速系统的起动过程分为几个阶段？
2. 在第 I 阶段电流是怎样变化的？I_d 的值为多少时电动机开始转动？
3. 在第 I 阶段哪个调节器起调节作用？
4. 在第 II 阶段电流是怎样变化的？转速怎样变化？
5. 在第 II 阶段哪个调节器起调节作用？
6. 在第 III 阶段两个调节器是否都起调节作用？

（二）咨询资料

前一单元讨论了由 PI 调节器组成的单闭环直流调速系统，它虽然能保证系统的动态稳定性，又可以消除静差，但单闭环系统在充分利用电动机过载能力的条件下，获得快速动态响应的同时对扰动的抑制能力较差，使其在应用时受到一定限制。为了使系统在起动和制动的动态过程中，在最大电流约束条件下，获得直流电动机最佳速度调节过程，根据自动控制原理，应该对那些希望获得最佳控制的物理量也进行负反馈控制。转速和电流双闭环直流调速系统可以较好地提高动态稳定性，因此，可以对电动机的转速及电枢电流都进行负反馈。

前面已经指出，设置双闭环的一个重要目的就是要获得快速起动过程，下面进行简单的分析。双闭环直流调速系统起动时转速和电流的波形如图 6-4 所示。

双闭环直流调速系统的起动过程分为如下三个阶段：

第Ⅰ阶段：$0 \sim t_1$ 是电流上升的阶段。突加给定电压 U_{gd} 后，通过两个调节器的控制作用，使 U_{ct}、I_d、U_{do} 都上升，当 $I_d \geqslant I_{d1}$ 后，电动机开始转动。由于电动机惯性的作用，转速的增长不会很快，因而速度调节器 ASR 的输入偏差 $\Delta U = U_{gd} - U_{fn}$ 数值较大，其输出很快达到限幅值 U_{gi}，强迫电流 I_d 迅速上升。当 $I_d \approx I_{dm}$ 时，电流调节器的作用使 I_d 不再迅猛增长，标志着这一阶段的结束。在这一阶段中，ASR 由不饱和很快达到饱和，而 ACR 一般应该不饱和，以保证电流环的调节作用。

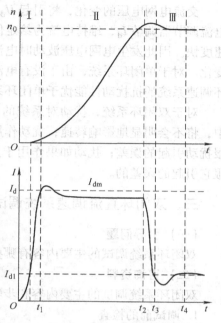

第Ⅱ阶段：$t_1 \sim t_2$ 是恒流升速阶段。从电流升到最大值 I_{dm} 开始，到转速升到给定值（即静特性曲线上的 n_0）为止，属于恒流升速阶段，这一阶段是起动过程中的主要阶段。在这个阶段中，速度调节器 ASR 一直是饱和的，输出限幅值 U_{gi}，因为没有转速反馈电压，相当于开环状态，电流调节器系统表现为在恒值电流给定的作用下的电流调节系统，基本保持 I_d 恒定，因而电动机得到转速的加速度恒定，转速呈线性增长，如图 6-4 所示。在此阶段，由于电动机的

图 6-4　双闭环直流调速系统
起动时转速和电流的波形

反电动势也呈线性增长，对调节系统来说，这个反电动势就是一个扰动量，为了克服这个扰动，U_{do} 和 U_{ct} 也要按线性变化，才能保持 I_d 的恒定。在设计时，要保证电动机在起动时，电流调节器没有进入饱和状态，同时整流装置的输出电压要有一定的余地。

第Ⅲ阶段：t_2 以后是转速调节阶段。在这阶段开始时，转速已经达到给定值，转速调节器的给定与反馈电压相平衡，输入偏差为零，但其输出却由于积分作用还维持在限幅值，所以电动机仍在最大电流下加速，必然使转速超调。转速超调以后，ASR 输入出现负的偏差电压，使它退出饱和状态，其输出电压（即 ACR 得给定电压 U_{gi}）立即从限幅值降下来，主电流 I_d 也因此下降。但是，由于 I_d 仍大于负载电流 I_{d1}，在一段时间内，转速仍继续上升。到 $I_d = I_{d1}$ 时，电磁力矩和负载转矩相等，转速 n 达到峰值（$t = t_3$ 时）。此后电动机在负载的作用下减速，与此相应，电流 I_d 也出现一小段小于 I_{d1} 的过程，直到稳态。在最后的转速调节阶段内，速度调节器 ASR 和电流调节器 ACR 都不饱和，同时起调节作用。由于转速调节在外环，因此起主导作用，而电流调节的作用则是力图使 I_d 尽快地跟随 ASR 的输出量。

调速系统除了给定信号变化引起过渡过程外，外来的扰动信号也会引起过渡过程。扰动产生的原因很多，如负载变动、变压器交流电源电压变化、电动机励磁的变化、控制电源变化，以及电路中任何物理量的变化等，都会引起过渡过程。下面介绍两种扰动引起的动态过程。

1. 负载变动引起的动态过程

拖动系统负载的变化，相当于电动机负载电流的变化。负载电流 I_L 作用于电流内环之外，它将直接引起转速的变化。I_L 对 n 起加减速的作用，当转速发生变化时，转速调节器调节 n 达到原有的给定转速。

2. 变流器交流电源电压的变化引起的动态过程

交流电网电压的变化，将引起 U_{do} 的变化。由于 ΔU_d 作用于电流环内，因此，可以经过电流调节器调节 I_d，维持电流为给定值。由于电流环的惯性远小于转速环的惯性，所以调节速度快。因此发生电网电压波动时电流会较快地趋向于电流给定值，而不致引起较大的转速变化。对于单闭环系统，由于没有电流环，电网电压的波动也将直接影响转速。因此，双闭环调速系统的抗扰动性能优于单闭环系统。

对于双闭环系统，扰动对系统的影响与扰动的作用处有关：扰动作用于内环的主通道中，将不会明显地影响转速；扰动作用于外环主通道中，则必须通过转速调节器调节才能克服扰动引起的误差；扰动如果作用于反馈通道中，调节系统（包括单闭环系统）是无法克服它引起的误差的。

三、双闭环直流调速系统调试

（一）引导问题

双闭环系统调试的主要内容有哪些？

（二）咨询资料

双闭环系统调试的主要内容和步骤如下：

1. 调试前的检查

根据电气图样，检查主电路各部件及控制电路各部件间的连线是否正确，线头标号是否符合图样要求，连接点是否牢固，焊接点是否有虚焊现象，连接导线的规格是否符合要求，接插件的接触是否良好等。

2. 继电控制电路的通电调试

取下各插接板，然后通电，检查继电器的工作状态和控制顺序等，用万用表查验电源是否通过变压器和控制触点送到了整流电路的输入端。

3. 系统开环调试（带电阻性负载）

（1）控制电源测试　插上电源板，用万用表校验送至其所供各处电源电压是否正确，电压值是否符合要求。

（2）触发脉冲检测　插入触发板，调节斜率值，使其为 6V 左右。调节初相位角，在感性负载时，初始相位 $\alpha = 90°$，调节 U_p，使得 U_d 在给定最大时能达到 300V，给定为 0 时，$U_d = 0$。

（3）调节板的测试　插上调节板，将调节板处于开环位置。

对 ASR、ACR 的输出限幅值进行调整，该输出限幅值的依据取决于 $U_d = f(U_k)$ 和 $U_{fi} = \beta I_d$。其中 β 是反馈系数。本系统中，ACR 输出限幅值如下整定：对于正限幅值，给定最大，调整 W7，使 $U_d = 270V$，取裕量 50V，正限幅值电压为 5.5V 左右；对于负限幅值，调整 W8，使其为 $-3V$ 左右。ASR 的限幅值由 ASR 的可能输出最大值与电流反馈环节特性 $U_{fi} = \beta I_d$ 的最大值来权衡选取，应取两者中的较小值，正限幅值为 6V 左右；负限幅值为 $-6V$ 左右。

给 W6 一个翻转电压，其值也由系统负载决定，一般取 6V 左右。

（4）反馈极性的测定

1）从零逐渐增加给定电压，U_d 应从 $0 \sim 300V$ 变化，将 U_d 调节到额定电压 220V，用万用表电压档测量 W2 电位器的中间点（对 L），看其极性是否为正，如为正则极性正确，将电压调为最大值。

2）断开电源，将电动机励磁、电枢接好，测速发电机接好，接通电源，接通主电路，给定回路，缓慢调节给定电位器，增加给定电压，电动机转速从零速逐渐上升，调到某一转速，用万用表电压档测量电位器 W1 的中间点，看其值是否为负极性，将电压值调为最大。

4. 系统闭环调试（带电动机负载）

1）将调节板 K1 跳线置于闭环位置。

2）接通系统电源，缓慢增加给定电压，由于设计原因，电动机转速不会达到额定值。此时，调节 W1 电位器，减小转速反馈系数，使系统达到电动机额定转速（此时 $U_d = 220V$ 左右）。速度环 ASR 即调整好。

3）去掉电动机励磁，使电动机堵转（电动机加励磁时，转矩很大，不容易堵住）。缓慢调节 W2，使电枢电流为电动机额定电流的 1.5~2 倍，本系统调整截流值为 1.8A 左右，电流环即调好。若 I_d 已达规定的最大值，还不能被稳住，说明电流负反馈没起作用，这表明电流反馈信号 U_{fi} 偏小或 ASR 输出限幅值 U_{gi} 定得太高；还有一种原因可能是由于 ACR 给定回路及反馈回路的输入电阻有差值。出现上述现象后，必须停止调试，重新检查电流反馈环节的工作是否正常，ASR 的限幅值是否合理，重新调整电流反馈环节的反馈系数，使 U_{fi} 增加，然后再进行调试。

4）过电流的整定。使电动机堵转，将 W4 调为反馈最弱（逆时针旋到头），稍微给一点。调节 W2 使电枢电流为额定电流的 2~2.5 倍，本系统取 2.5A 左右，调节 W4 使系统保护，$U_d = 0V$，延时后主电路断开，故障灯亮。

5）重复第 3 步的操作，将系统调为正常值（$I_d = 1.8A$）。

5. 系统调试流程

1）调试流程如图 6-5 所示。

2）接线检查流程如图 6-6 所示。

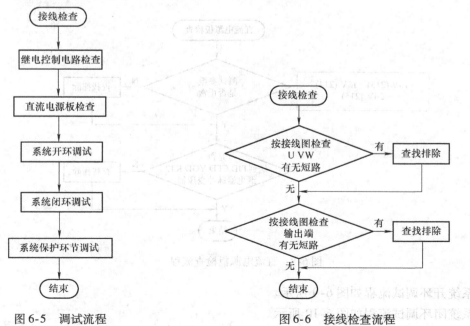

图 6-5　调试流程　　　　　　　图 6-6　接线检查流程

3）继电控制电路检查流程如图 6-7 所示。

4）直流电源板检查流程如图 6-8 所示。

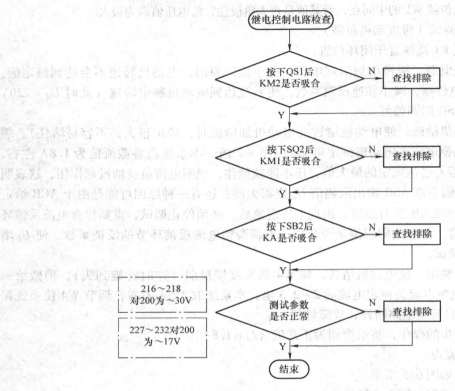

图 6-7 继电控制电路检查流程

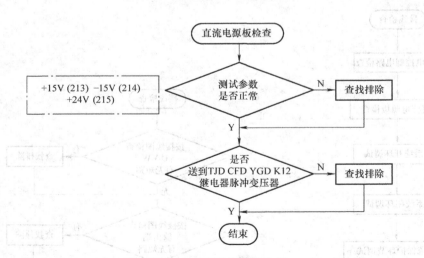

图 6-8 直流电源板检查流程

5）系统开环调试流程如图 6-9 所示。

6）系统闭环调试流程如图 6-10 所示。

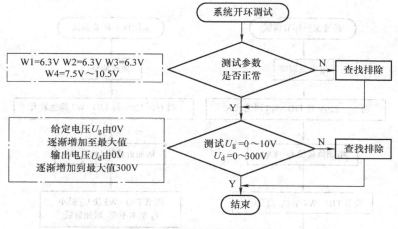

图 6-9　系统开环调试流程

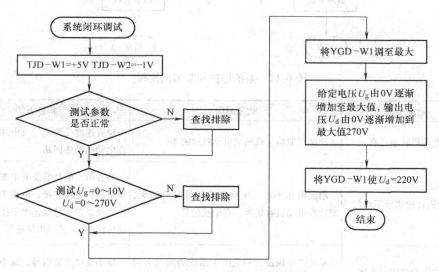

图 6-10　系统闭环调试流程

7）系统保护环节调试流程如图 6-11 所示。

四、直流调速系统故障检修

（一）引导问题

1. 电动机转速过高，分析其原因是什么？如何检修？

2. 电动机转速快慢不均匀，分析其原因是什么？如何检修？

3. 转速周期性快慢变化，分析其原因是什么？如何检修？

4. 起动电流过大，电动机发热，分析其原因是什么？如何检修？

（二）咨询资料

当系统发生故障时，应立即切断系统的电源。

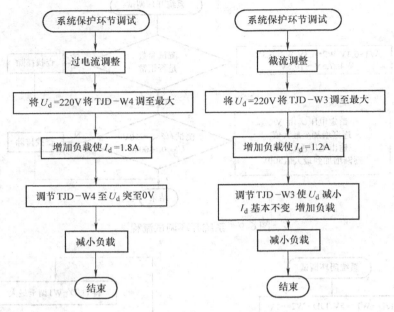

图 6-11　系统保护环节调试流程

序号	故障现象	故障原因	检修方法
1	电动机转速过高	速度反馈信号线断或电动机励磁弱	检查速度反馈信号及电路元器件、检查电动机励磁回路
2	电动机转速快慢不均匀	给定电压不稳，速度反馈信号时有时无，测速发电动机有故障，有干扰信号	检查给定电位器及其电源，检查测速发电动机机械连接、电刷等部位，检查控制及反馈信号线远离干扰源（如强电流传输线），或加以屏蔽等
3	转速周期性快慢变化	系统产生振荡，一是由于系统的超调引起的，二是由于放大器产生自激振荡引起的	减小速度反馈信号、减小放大器的放大倍数
4	起动电流过大，电动机发热	截止电流限幅值过大	重新调整电流截止限幅值

学习活动 3　制订工作计划

一、画出双河煤矿副提绞车双闭环直流调速系统结构框图

我们在学习活动 2 中，学习了双闭环直流调速系统的组成，根据学过的内容，画出双河煤矿副提绞车双闭环直流调速系统结构框图。

二、列出材料计划清单

根据你设计的电路，列出所需材料清单。

序号	名称	规格型号	数量	备注

学习活动4　任务实施

一、安全技术措施

1）变压器、电动机在投入运行前要进行外观检查，各部结构没有缺陷。

2）变压器、电动机投入使用运行前必须进行各种绝缘测试。绝缘等级符合要求，方可使用。

3）停送电联系必须是专人负责，任何人无权下令停送电。

4）停电后，必须认真执行验电、放电，并做好三相短路接地措施。

5）各部分电路必须有过电压、过电流、短路保护措施。

6）元器件在使用前必须进行测试，技术参数符合技术要求，方可使用。

二、工艺要求

1）元器件布置要合理。

2）电路连线工艺要美观，走线横平竖直，尽量减少跨线。

3）截面积大的电缆对接要用专用的接线装置。

4）测速发电机与直流电动机轴的同心度不能超过安装要求。

三、技术规范

1）主电路输出的直流电压要满足现场工艺要求。

2）触发电路触发延迟角控制在0°~30°。

3）整流变压器和控制变压器二次测输出电压波动不能超过±5%。

4）励磁电流必须是额定值，不能出现波动。

5）直流稳压电源输出的±15V、24V必须是恒定值。

6）调试前应将给定调节电位器调至最小，逐渐加大给定电压。

7）直流测速发电机输出的反馈电压范围调节符合要求。

8）转速反馈量和电流反馈量的调节应符合系统的运行参数。

四、任务实施

1）按照直流电动机双闭环调速系统的工作原理图（见图6-12）正确连接各单元，并检查线路。

2）继电控制电路的检查。

3）电源板、触发板、隔离板、调节板调试。

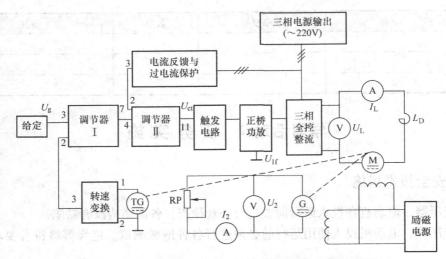

图 6-12　直流电动机双闭环直流调速系统的工作原理图

4）开环调试。

5）闭环调试。

6）系统保护环节调试，完毕后切断电源。

7）对调试过程中出现的故障进行排除。

五、评价标准

评价内容	分值	评分		
		自我评价	小组评价	教师评价
能正确连接各单元	20			
能进行继电控制电路的检查	20			
能进行电源板、触发板、调节板调试	20			
能进行闭双闭环系统运行调试	10			
出现故障正常排除	10			
遵守安全文明生产规程	10			
施工完成后认真清理现场	10			
合计				

学习活动5　总结与评价

参照表 1-5 进行综合评价。

 习题

一、填空题

1. 在双闭环直流调速系统中，两个调速器串级连接，转速负反馈的环在外面，称为
（　　），电流负反馈的闭环在里面，称为（　　）。

2. 在双闭环直流调速系统原理图中，ASR 为（   ）调节器，ACR 为（   ）调节器。

3. 电流和转速两个调节器一般采用（   ）调节器，且均采用（   ）反馈。

4. 速度调节器的输入信号为（   ）电压与（   ）电压的偏差。

5. 双闭环控制系统有（   ）反馈和（   ）反馈。

二、判断题

（   ）1. 在起动过程中，只有电流负反馈起作用。

（   ）2. 转速调节器采用的是比例积分调节器。

（   ）3. 双闭环控制系统比单闭环控制系统稳定性好。

（   ）4. 双闭环控制系统当负载变化时转速基本不变。

（   ）5. 双闭环控制系统的双闭环是指有两个反馈环。

（   ）6. 转速负反馈电压的极性与转速给定电压的极性相同。

（   ）7. 电流负反馈电压的极性与转速调节器输出电压的极性相反。

（   ）8. 在稳态时输入偏差信号为零，即给定信号与转速负反馈信号的差值为零，属无静差调节。

（   ）9. 电流调节器的输出信号 U_{ct} 为触发移相电路的移相控制信号。

（   ）10. 双闭环直流调速系统中，两个调节器并联使用。

三、选择题

1. 双闭环直流调速控制系统电流反馈的反馈参数是从（   ）获取的。

A. 电枢回路　　　　B. 主电路　　　　C. 电流互感器　　　　D. 励磁回路

2. 双闭环控制系统采用（   ）。

A. 电压反馈　　　　B. 转速电流反馈　　　　C. 电流电压反馈　　　　D. 转速电压反馈

3. 双闭环直流调速控制系统采用的是（   ）。

A. 比例调节器　　　B. 比例积分调节器　　C. 积分调节器　　　　D. 比例微分调节器

四、简答题

1. 双闭环直流调速控制有哪两种反馈？

2. 说明 ASR、ACR 的型号含义。

3. 双闭环直流调速控制系统由哪些部分组成？

4. 双闭环调速系统起动过程为恒流升速阶段，速度调节器和电流调节器各起什么作用？

5. 当交流电网电压变化引起扰动时哪个调节器起调节作用？

学习任务七

选煤厂旋流器介质泵的变频调速

 学习目标：

1. 了解变频器的基本组成，理解其工作原理。
2. 能独立进行变频器的面板操作。
3. 能掌握变频器基本参数的功能及参数设置方法。

情景描述

　　笼型三相异步交流电动机广泛应用于驱动机床、水泵、鼓风机、空气压缩机、起重卷扬机等设备。在应用中电动机要根据工艺、生产要求进行调速，近年来交流调速中最活跃、发展最快的就是变频调速技术。例如，选煤厂旋流器介质泵变频调速，只在煤质、煤种等改变的情况下，才改变由介质泵控制的悬浮液流量，由于不经常调速，也不需要反馈，常采用面板调速。

学习活动1　明确工作任务

　　本任务以选煤厂旋流器介质泵变频调速为例，学习并掌握通用变频器基础知识、三菱FR – A740 变频器面板各按键的功能、基本参数的含义及其设置、PU 运行，以及变频器日常维护与维修等内容。

学习活动2　学习相关知识

一、通用变频器基础知识

（一）引导问题

1. 变频调速使用的设备是什么？
2. 变频器的基本结构是怎样的？
3. 调整频率的同时是否要对电压进行相应的调整？

（二）咨询资料

变频调速采用的设备是变频器，变频器即电压频率变换器，是一种将固定频率的交流电

150

变换成频率、电压连续可调的交流电，以供给电动机运转的电能控制装置。

变频器从外部结构来看，有开启式和封闭式两种。开启式变频器的散热性能好，但接线端子外露，适用于电气柜内部的安装；封闭式变频器的接线端子全部在内部，不打开盖子是看不见的。通常所使用的是封闭式变频器，如图 7-1 所示。

变频器的基本结构如图 7-2 所示，由主电路和控制电路两部分组成。

主电路由整流器、中间直流环节、逆变器组成；控制电路主要由主控板、键盘与显示板、电源板、外接控制电路等组成。

图 7-1 封闭式变频器

由异步电动机的定子绕组感应电动势公式 $E_1 = 4.44f_1w_1k_1\Phi_m$ 可知，当异步电动机制造完成后，$4.44w_1k_1$ 为常数，若供电电压不变，则频率 f_1 上升时，气隙磁通 Φ_m 将减小，这将造成电动机输出转矩下降；频率 f_1 下降时，气隙磁通 Φ_m 将增大，这将造成磁路饱和，励磁电流增大，电动机过热。由此可见，为了保证气隙磁通不变，就必须在调整频率的同时对电压也进行相应的调整。

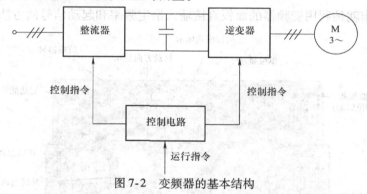

图 7-2 变频器的基本结构

（三）评价标准

评价内容	分值	评分		
		自我评价	小组评价	教师评价
能识别变频器的基本结构	20			
能掌握变频器简单的工作原理	20			
能正确对变频器进行分类	20			
安全意识	10			
团结协作	10			
自主学习能力	10			
语言表达能力	10			
合计				

二、三菱 FR‑A740 变频器面板及 PU 运行

（一）引导问题

1. 三菱 FR‑A740 变频器的操作面板上有哪些按键，其功能是什么？

2. 三菱 FR – A740 变频器的操作面板上有哪些指示灯，各代表什么含义？

3. 三菱 FR – A740 变频器的基本功能参数有哪些？其意义是什么？

4. 三菱 FR – A740 变频器如何设置参数？需注意什么？

5. 三菱 FR – A740 变频器有哪些基本操作？如何进行操作？操作时都需要注意什么？

6. 变频器检查有哪些注意事项？

7. 变频器日常检查项目有哪些？

8. 变频器定期检查的项目有哪些？如何进行维护？

9. 通用变频器过电流跳闸的原因有哪些？

10. 通用变频器过电压、欠电压跳闸的原因有哪些？

11. 电动机不转的原因有哪些？

（二）咨询资料

1. 三菱 FR – A740 变频器操作面板介绍

三菱 FR – A740 变频器的操作面板如图 7-3 所示，其按键功能见表 7-1，其显示说明见表 7-2。

PU 运行操作就是利用变频器的面板直接输入给定频率和起动信号的方法。

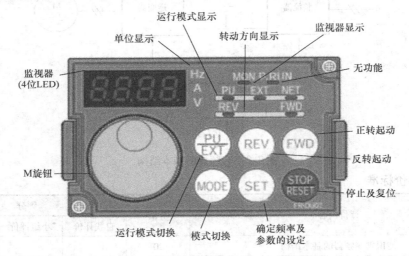

图 7-3   三菱 FR – A740 变频器的操作面板

表 7-1   操作面板按键功能

按　键	功　能
PU/EXT 键	用于选择操作模式
MODE 键	用于选择设定模式
SET 键	用于确定频率和参数的设定
M 旋钮	用于连续增、减数字，改变频率或设定参数的值
FWD 键	用于给出正转指令
REV 键	用于给出反转指令
STOP/RESET 键	用于停止运行/用于保护功能动作输出停止时复位变频器（用于主要故障）

表7-2　操作面板显示说明

显　　示	说　　　　明
Hz	显示频率时点亮
A	显示电流时点亮
V	显示电压时点亮
MON	监视显示模式时点亮
PU	PU 操作模式时点亮
EXT	外部操作模式时点亮
FWD	正转时点亮
REV	反转时点亮

2. 基本功能参数及意义

基本功能参数见表7-3。

表7-3　基本功能参数表

参数号	参数名称	设定范围	出厂默认值
Pr. 0	转矩提升	(0~30)%	6%
Pr. 1	上限频率	0~120Hz	120Hz
Pr. 2	下限频率	0~120Hz	0Hz
Pr. 3	基底频率	0~400Hz	50Hz
Pr. 7	加速时间	0~3600s	5s
Pr. 8	减速时间	0~3600s	5s
Pr. 13	起动频率	0~60Hz	0.5Hz
Pr. 15	点动频率	0~400Hz	5Hz
Pr. 16	点动加、减速时间	0~3600s	0.5s
Pr. 20	加、减速基准频率	1~400Hz	50Hz
Pr. 77	参数写入选择	0~2	0
Pr. 78	反转防止选择	0~2	0
Pr. 79	操作模式选择	0~4, 6, 7	0

基本功能参数的意义如下：

（1）转矩提升 Pr. 0　此参数主要用于设定电动机起动时的转矩大小，通过设定此参数，补偿电动机绕组上的电压降，改善电动机低速时的转矩性能，假定基底频率电压为 100%，用百分数设定 0 时的电压值。若设定过大，将导致电动机过热；若设定过小，则起动力矩不够，一般最大值设定为 10%。

（2）上限频率 Pr. 1 和下限频率 Pr. 2　这是两个设定电动机运转上限和下限频率的参数。Pr. 1 设定输出频率的上限，如果运行频率设定值高于此值，则输出频率被钳位在上限频率；Pr. 2 设定输出频率的下限，若运行频率设定值低于这个值，运行时被钳位在下限频率值上。在这两个值确定之后，电动机的运行频率就在此范围内设定，如图 7-4 所示。

技能训练：

1）当满足下列条件时，试说明 PU 模式下电动机连续运行能够设定的范围。

① Pr. 1 = 100Hz   Pr. 2 = 20Hz

② Pr. 1 = 40Hz   Pr. 2 = 40Hz

③ Pr. 1 = 30Hz   Pr. 2 = 80Hz

2）将参数全部清除后，设定运行频率为 60Hz，试说明在下列条件下电动机的实际运行值和设定值是否相等，并总结相应的规律。

① Pr. 1 = 100Hz   Pr. 2 = 20Hz

② Pr. 1 = 100Hz   Pr. 2 = 70Hz

③ Pr. 1 = 50Hz   Pr. 2 = 10Hz

④ Pr. 1 = 20Hz   Pr. 2 = 100Hz

⑤ Pr. 1 = 60Hz   Pr. 2 = 60Hz

⑥ Pr. 1 = 30Hz   Pr. 2 = 30Hz

⑦ Pr. 1 = 90Hz   Pr. 2 = 90Hz

（3）基底频率 Pr. 3   此参数主要用于调整变频器输出到电动机的额定值。当采用标准电动机时，通常设定为电动机的额定频率，当需要电动机运行在工频电源与变频器切换时，设定与电源频率相同。

（4）加、减速时间 Pr. 7 和 Pr. 8 及加、减速基准频率 Pr. 20   Pr. 7 和 Pr. 8 用于设定电动机加速、减速时间，Pr. 7 的值越小，加速越快；Pr. 8 的值越大，减速越慢。Pr. 20 是加、减速基准频率，Pr. 7 的值就是从 0 加速到 Pr. 20 所设定的频率的时间，Pr. 8 所设定的值就是从 Pr. 20 所设定的频率减速到 0 的时间，如图 7-5 所示。

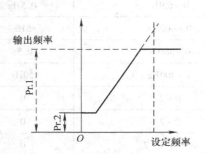

图 7-4   Pr. 1 和 Pr. 2 参数的意义

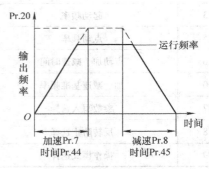

图 7-5   Pr. 7 和 Pr. 8 参数的意义

技能训练：

在下列条件下，测量电动机实际的加速时间和 Pr. 7 的设定值是否相等，并总结相应的规律。

① f = 50Hz   Pr. 7 = 20s

② f = 30Hz   Pr. 7 = 20s

③ f = 100Hz   Pr. 7 = 20s

④ f = 50Hz   Pr. 7 = 20s   Pr. 20 = 100Hz

⑤ $f=30\text{Hz}$　　　　Pr. 7 $=20\text{s}$　　Pr. 20 $=30\text{Hz}$

（5）起动频率 Pr. 13　Pr. 13 参数设定电动机开始起动时的频率，如果设定频率（运行频率）设定的值较此值小，电动机不运转，若 Pr. 13 的值低于 Pr. 2 的值，即使没有运行频率（即为0），起动后电动机也将运行在 Pr. 2 的设定值。

技能训练：

1）PU 模式下，观察下列每种情况时，电动机的运行状态和指示灯的显示状态。

① $f=50\text{Hz}$　　　　Pr. 13 $=5\text{Hz}$

② $f=10\text{Hz}$　　　　Pr. 13 $=15\text{Hz}$

③ $f=50\text{Hz}$　　　　Pr. 13 $=5\text{Hz}$　　　　Pr. 1 $=100\text{Hz}$　　Pr. 2 $=60\text{Hz}$

④ $f=50\text{Hz}$　　　　Pr. 13 $=5\text{Hz}$　　　　Pr. 1 $=10\text{Hz}$　　Pr. 2 $=60\text{Hz}$

⑤ $f=50\text{Hz}$　　　　Pr. 13 $=15\text{Hz}$　　　Pr. 1 $=10\text{Hz}$　　Pr. 2 $=60\text{Hz}$

2）在下列条件下，测量电动机实际的加速时间和 Pr. 7 的设定值是否相等，并总结相应的规律。

① $f=50\text{Hz}$　　　　Pr. 7 $=20\text{s}$　　　　Pr. 13 $=30\text{Hz}$

② $f=100\text{Hz}$　　　Pr. 7 $=20\text{s}$　　　　Pr. 13 $=30\text{Hz}$

③ $f=50\text{Hz}$　　　　Pr. 7 $=20\text{s}$　　　　Pr. 13 $=10\text{Hz}$　　Pr. 20 $=60\text{Hz}$

④ $f=50\text{Hz}$　　　　Pr. 7 $=20\text{s}$　　　　Pr. 13 $=10\text{Hz}$　　Pr. 20 $=100\text{Hz}$

⑤ $f=50\text{Hz}$　　　　Pr. 7 $=20\text{s}$　　　　Pr. 13 $=10\text{Hz}$　　Pr. 20 $=30\text{Hz}$

（6）点动运行频率 Pr. 15 和点动加、减速时间 Pr. 16　Pr. 15 参数设定点动状态下的运行频率。当变频器在外部操作模式时，用输入端子选择点动功能（接通控制端子 SD 与 JOG 即可）；当点动信号 ON 时，用起动信号（STF 或 STR）进行点动运行；PU 操作模式时用操作面板上的操作键（FWD 或 REV）实现点动操作。用 Pr. 16 参数设定点动状态下的加、减速时间。

（7）参数写入选择 Pr. 77　Pr. 77 参数设定值功能见表 7-4。

表 7-4　Pr. 77 参数的功能

Pr. 77 设定值	功　能
0	仅限于停止时可以写入
1	不可写入参数
2	可以在所有运行模式中不受运行状态限制地写入参数

（8）反转防止选择 Pr. 78　Pr. 78 参数设定值功能见表 7-5。

表 7-5　Pr. 78 参数的功能

Pr. 78 设定值	功　能
0	正转和反转均可
1	不可反转
2	不可正转

（9）操作模式选择 Pr. 79　这是一个比较重要的参数，确定变频器在什么模式下运行，具体功能见表 7-6。

表 7-6 Pr. 79 参数的功能

Pr. 79 设定值	功能
0	PU 或外部操作可切换
1	PU 操作模式
2	外部操作模式
3	外部/PU 组合操作模式 1 运行频率……从 PU 设定或外部输入信号（仅限多段速度设定） 起动信号……外部输入信号（端子 STF、STR）
4	外部/PU 组合操作模式 2 运行频率……外部输入（电位器，点动，多段速度选择） 起动信号……从 PU 输入（FWD 键、REV 键）

（10）参数全部清除 ALLC 设定为 1 时，将所有的参数恢复到出厂默认值。

（11）清除报警历史 Er. Cl 设定为 1 时，将过去 8 次的报警历史清除。

3. 参数设定方法及 PU 操作

变频器运行中要进行各种参数的监视，如运行频率、电流高低和电压大小等。

1）按 MODE 键改变监视显示，如图 7-6 所示。

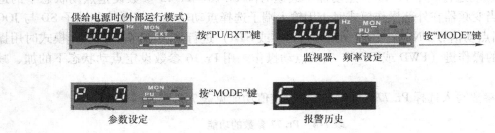

图 7-6 MODE 键改变监视显示

2）运行监视操作，如图 7-7 所示。

图 7-7 监视类型的切换

持续按下 SET 键（1s），可设置监视器最先显示的内容。

3）操作模式切换及频率设定，如图 7-8 所示。

运行频率设定操作，如图 7-8 所示。

① 供给电源时的画面，监视模式。

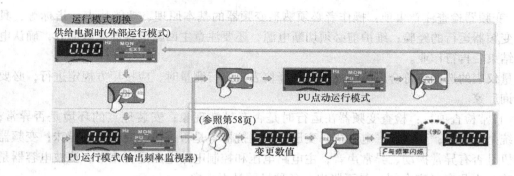

图 7-8　操作模式切换

② 按 "PU/EXT" 键切换到 PU 运行模式。

③ 旋转旋钮直接设定频率（闪烁 5s 左右）。

④ 闪烁时按 "SET" 键进行频率设定。

注意：若不按 SET 键，闪烁 5s 后回到 0.00Hz 显示；按下 M 旋钮，将显示当前所设定的设定频率。

4）参数设定操作，如图 7-9 所示。

① 供给电源时的画面，监视模式。

② 按 "PU/EXT" 键切换到 PU 运行模式。

③ 按下 "MODE" 键切换到参数设定模式。

④ 旋转 M 旋钮，找到 Pr.1。

⑤ 按下 "SET" 键，读取当前设定的值。

⑥ 旋转 M 旋钮，变更设定值为 "50.00"。

⑦ 按下 "SET" 键进行设置。

注意：旋转 M 旋钮可以读取其他参数；按 "SET" 键再次显示设定值；按两次 "SET" 键显示下一个参数；按两次 "MODE" 键，返回到监视模式。

5）参数全部清除。参数全部清除就是将所有参数全部初始化到出厂默认值。参数全部清除的步骤与参数设定的步骤相同，将数值 0 改为数值 1 即可。

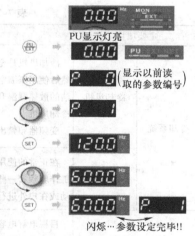

图 7-9　参数的设定

4. 各种操作的注意事项

1）在运行中也可以进行运行频率的设定。

2）参数设定一定要在 PU 操作模式下进行（一部分参数除外，使用时会特别说明）。

3）各种清除操作也要在 PU 模式下进行。

5. 变频器的维护与维修

（1）通用变频器的维护　尽管变频器的可靠性已经很高，但是如果使用、维护不当，仍可能发生故障或运行状况不佳，缩短设备的使用寿命。即使是最新一代的变频器，由于长期使用，以及温度、湿度、振动、尘土等环境的影响，其性能也会有一些变化，如果使用合理、维护得当，则能延长机器的使用寿命，并减少因突然故障造成的生产损失。因此，日常维护与检查是不可缺少的。

1）变频器检查注意事项：操作者必须熟悉变频器的基本原理、功能特点、指标等，具有操作变频器运行的经验；维护前必须切断电源，还要注意主回路电容器充电部分，确认电容放电结束后再行作业。

测量仪表的选择应符合厂家的规定，选择仪表及进行测量时，应按厂方规定进行，必要时要咨询厂家。

2）日常检查项目：检查变频器在运行时是否有异常现象；安装地点的环境是否异常；冷却系统是否正常；变频器、电动机、变压器、电抗器等是否过热、变色或有异味；变频器和电动机是否有异常振动、异常声音；主电路电压和控制电路电压是否正常；滤波电容器是否有异味，小凸肩（安全阀）是否胀出；各种显示是否正常。

3）定期检查的主要项目及维护方法：需做定期检查时，待停止运行后，切断电源，打开后即可进行。但必须注意的是，即使切断电源，主电路直流部分滤波电容器放电也需要时间，必须待充电指示灯熄灭后，用万用表等确认直流电压已降到安全电压（直流25V以下），然后进行检查。

一般的定期检查应一年进行一次，绝缘电阻检查可以三年进行一次。定期检查的重点是变频器运行时无法检查的部位，定期检查的主要项目及维护方法见表7-7。

表7-7　定期检查的主要项目及维护方法

主要项目		维护方法
冷却系统	冷却风机	冷却风机是全密封的，维护工作不需要对其进行清洁和润滑。但应注意，先将扇叶固定，然后使用压缩空气清洁散热器，以保护轴承。冷却风机损坏的前兆是轴承的噪声升高，或清洁的散热器温升高于正常水平。当变频器用于重要的场合时，应在上述前兆出现时及时更换冷却风机 变频器频繁出现过温警告或故障，则说明冷却风机工作状态异常
	散热器	在正常的使用条件下，散热器应每年清洁一次。运行在污染较严重的场合，散热器的清洁工作应频繁一些。当变频器不可拆卸时，应使用柔软的毛刷清洁散热器。如果变频器可以移动或在户外进行清洁，应使用压缩空气清洁散热器
电解电容器		目视电解电容器是否有漏液和变形。一般情况下，电解电容的使用寿命为100000h，静电容值应大于标称值的85%。实际使用寿命由变频器的使用方法和环境温度决定。降低环境温度可以延长其使用寿命，电容的损坏不可预测
接触器、充电电阻		检查接触器触点是否粗糙，检查充电电阻是否有过热的痕迹。检查绝缘电阻是否在正常范围内
接线端子、控制电源		检查螺钉、螺栓等紧固件是否松动，进行必要的紧固；导体、绝缘物和变压器是否有腐蚀、过热的痕迹，是否变色或破损；确认控制电源电压是否正常；确认保护、显示回路有无异常

4）零部件的更换：变频器由多种部件组装而成，某些部件经长期使用后性能降低、劣化，这是故障发生的主要原因。为了长期安全生产，某些部件必须及时更换。

① 更换冷却风扇。变频器主回路中的半导体器件靠冷却风扇强制散热，以保证其工作在温度允许的范围内。冷却风扇的寿命受限于轴承，为 10～35kh。当变频器连续运行时，需要 2～3 年更换一次风扇或轴承。

②　更换滤波电容器。在中间直流回路中使用的是大容量电解电容器，由于脉冲电流等因素的影响，其性能劣化受周围温度及使用条件的影响很大。在一般情况下，使用周期大约为5年。由于电容器劣化经过一定时间后发展迅速，所以检查周期最长为1年，接近使用寿命时，检查周期最好在半年以内。

定时器在使用数年以后，动作时间会有很大变化，所以在检查动作时间之后若不能肯定，则应进行更换。继电器和接触器经过长久使用会发生接触不良现象，需根据开关寿命进行更换。

熔断器的额定电流大于负载电流，在正常条件下使用寿命约为10年，可按此时间更换。

（2）通用变频器故障的原因分析

1）过电流跳闸的原因分析：

①　重新起动时，一升速就跳闸，这是过电流十分严重的表现，主要原因有：负载侧短路；工作机械卡阻；逆变管损坏；电动机的起动转矩过小，拖动系统转不起来。

②　重新起动时，并不立即跳闸，而是在运行（包括升速和降速运行）过程中跳闸，可能的原因有：升速时间设定太短；降速时间设定太短；转矩补偿设定较大，引起低频时空载电流过大；电子热继电器整定不当，动作电流设定得太小，引起误动作。

2）过电压、欠电压跳闸的原因分析：

①　过电压跳闸，主要原因有：电源电压过高；降速时间设定太短；降速过程中，再生制动的放电单元工作不理想：一种是如果因来不及放电所造成，应增加外接制动电阻和制动单元；另一种是如果有制动电阻和制动单元；那么放电支路实际不放电。

②　欠电压跳闸，可能的原因有：电源电压过低；电源断相；整流桥故障。

3）电动机不转的原因分析：

①　功能预置不当，一般原因有：上限频率与最高频率或基本频率与最高频率设定矛盾，最高频率的预置值必须大于上限频率和基本频率的预置值。使用外接给定时，未对"键盘给定/外接给定"的选择进行预置。其他的不合理预置。

②　在使用外接给定方式时，无"起动"信号。当使用外接给定信号时，必须由起动按钮或其他触点来控制其起动。如不需要由起动按钮或其他触点控制时，应由【FWD】键或【REV】键控制其起动。

③　其他可能的原因有：机械有卡阻现象，电动机的起动转矩不够，变频器发生电路故障。

（3）通用变频器的故障处理及维修方法

1）变频器有故障诊断显示数据。

当变频器发生故障后，如果变频器有故障诊断显示数据，其处理方法是：查找变频器使用说明书当中有关指示故障原因的内容，找出故障部位。用户可根据变频器使用说明书指示部位重点进行检查，排除故障元件。

2）变频器无故障诊断显示数据。

当变频器发生故障，而又无故障显示时，不能再贸然通电，以免引起更大的损坏。这时应在断电后，做电阻特性参数测试，初步查找问题所在。主电路的检查；驱动电路的检查；大功率晶体管的简易测量；大功率晶体管的更换。

（三）技能训练

根据不同的频率，观察电压和电流的变换，计算出功率和 U/f 的值，在表 7-8 中做好记录并总结电压、电流、功率和 U/f 随频率的变换规律。

表 7-8　记录表

频率（f/Hz）	电压（U/V）	电流（I/A）	功率（P/W）	U/f
10				
20				
30				
40				
50				
60				
70				
80				
90				
100				
110				
120				

（四）评价标准

评价内容	分值	评分		
		自我评价	小组评价	教师评价
能正确使用操作面板按键	15			
能对变频器进行基本的 PU 操作	15			
能正确设定参数值	15			
能正确对变频器进行日常维护	15			
安全意识	10			
团结协作	10			
自主学习能力	10			
语言表达能力	10			
合计				

◆ 知识拓展

一、交直流调速比较

对于可调速的电力拖动系统，工程上往往把它分为直流调速系统和交流调速系统两类。由于历史上最早出现蓄电池的直流电能和直流电动机，所以在 19 世纪 80 年代以前，直流电力拖动是唯一的一种电力拖动方式。到了 19 世纪末，由于出现了交流电，解决了三相交流电的输送与分配问题，同时又制成了经济实用的交流笼型异步电动机，这就使交流电力拖动在工业中逐步得到广泛应用。随着生产技术的发展，特别是精密机械加工与冶金工业生产过程的进步，对电力拖动的起动、制动、正反转及调速精度、调速范围等动态指标提出了更高的要求。而当时的交流拖动系统无法满足这些要求。所以 20 世纪 60 年代以前，在可逆调速与高精度的拖动技术领域中，几乎是直流电力拖动一统天下。

然而，由于直流电动机具有电刷与整流器，因而就存在着必须对它们经常进行维修检查，电动机安装的环境受到限制（如不能在有易爆气体及尘埃的场合使用），以及限制了电动机向高转速、大功率发展等缺点。特别是随着工业生产、国防科学技术的飞速发展，这些问题显得更为突出，主要表现为以下几点：第一，直流电动机的单机功率一般为 12 ~ 14MW，还常制成双电枢的形式，而交流同步电动机与异步电动机的单机功率却可数倍于它；第二，直流电动机由于受换向的限制，其电枢电压最高只能略高于 1000V，而交流电动机可以做到 6 ~ 10kV 级；第三，直流电动机受换向器部分机械强度的约束，其额定转速随电动机额定功率增加而减少，一般仅为每分钟数百转到 1000r/min，而交流电动机却可高达每分钟数千转；第四，直流电动机的体积、质量比同等功率的交流电动机要大，价格也贵得多。这些都是直流电力拖动的薄弱环节。在 20 世纪 60 年代以后，随着电力电子学与电子技术的发展，使得采用半导体变流技术的交流调速系统得以实现。尤其是 20 世纪 70 年代以来，大规模集成电路和计算机控制技术的发展，以及现代控制理论的应用，为交流电力拖动的开发进一步创造了有利条件，诸如交流电动机的串级调速、各种类型的变频调速、换向器电动机调速，特别是矢量控制技术的应用，使得交流电力拖动逐步具备了宽的调速范围、高的稳速精度、快的动态响应以及在四象限作可逆运行等良好的技术性能。在调速性能方面已可与直流电力拖动媲美。现在，性能优越、效率高（达 85% 以上）的数千瓦大功率交流串级调速系统和数十万千瓦以上的中大功率的变频调速系统已得到广泛应用。

最后，特别要指出的是交流调速系统在节约能源方面有着很大的优势。一方面，交流拖动的负荷在总用电量中占 1/2 或 1/2 以上的比重，这类负荷实现节能，可以获得十分可观的节电效益。另一方面，交流拖动本身存在可以挖掘的节电潜力。在交流调速系统中，选用电动机时往往留有一定余量，电动机又不总是在最大负荷情况下运行；如果利用变频调速技术，轻载时，通过对电动机转速进行控制，就能达到节电的目的。工业上大量使用风机、水泵、压缩机等，其用电量约占工业用电量的 50%；如果采用变频调速技术，既可大大提高其效率，又可减少 10% 的电能消耗。

1. 直流电动机及控制系统的优缺点

（1）优点

1）调速性能好、调速范围广，易于平滑调节。

2）起动、制动转矩大，易于快速起动、停车。

3）过载能力强、能承受较频繁的冲击负荷。

4）电路简单、控制方便。

5）电控系统总体造价相对较低，设计、制造、调试周期短。

6）国内外控制方案成熟、工程应用广泛。

（2）缺点

1）由于采用相控整流技术，在晶闸管换相时会产生谐波，污染电网，必须对谐波进行治理。

2）在低速起动时，因为晶闸管导通角 α，导致功率因数较低，无功分量较大，须对功率因数进行补偿。

3）与同功率、转速的交流电动机相比，直流电动机的造价高、体积大、重量重、转动惯量大。

4）日常维护量大，必须定期检查、更换电刷，整流器表面保养。

5）由于换向的限制，在结构发展上欲制造大功率、高电压及高转速的直流电动机工艺上比较困难。现阶段直流电动机单机功率最大只能达到 11000kW，电压也只能做到 1200V 左右，这样一些大容量的不得不做成双电动机、三电动机甚至四电动机结构，直接影响了直流电动机的广泛应用，发展交流变频势在必行。

2. 交流变频电动机及控制系统的优缺点

（1）优点

1）交流电动机结构简单，便于日常维护。

2）交流电动机坚固耐用、重量轻、GD2 小，需要动态响应高的场合（精密、高速控制）时优势显著。

3）调速的动态性能好，经济可靠。

4）功率因数高、谐波小；电动机效率高、节能效果好（相比直流综合节电率在 15% ~25%）。

（2）缺点

1）电路复杂，控制难度大。

2）交流变频调速装置初期投入成本略高。

二、交流调速方法

近年来，异步电动机的调速技术有了很大的提高，使得三相交流异步电动机在工农业生产中得到了迅速的推广和应用。调速的目的有节能、自动化、提高产品质量、提高生产率、增加设备使用寿命等。

在生产过程中，我们经常需要对电动机进行调速。对于交流电动机，其转速公式为

$$n = \frac{60f_1}{p}(1 - s)$$

式中　p——定子绕组磁极对数；

　　s——转差率；

　　f_1——电源频率。

由此可见，交流电动机调速方案有三种：

1. 改变定子绕组磁极对数

由交流电动机转速公式可以看出，改变 p 可以得到不同的转速。如何改变磁极对数，取决于定子绕组的布置和连接方式。

对笼型异步电动机可通过改变电动机绕组的接线方式，使电动机从一种极对数变为另一种极对数，从而实现异步电动机的有级调速。变极调速所需设备简单，价格低廉，效率较高，工作也比较可靠。但调速为有级调速，速度只能低于同步转速，且一般为两种速度。过去应用很普遍的双速电动机调速系统就是这种系统。三种速度以上的变极调速电动机绕组结

构复杂，应用较少。

2. 改变转差率

对于绕线转子异步电动机，可通过调节串联在转子绕组的电阻值、在转子电路中引入附加的转差电压、调整电动机定子电压以及采用电磁转差离合器改变气隙磁场等方法均可实现变转差率 s，从而对电动机进行无级调速。变转差率调速效率较低，且速度只能低于同步转速，但可实现无级调速，在异步电动机调速技术中仍占有重要的地位，特别是转差功率得到回收利用的串极调速系统，更是现代大功率风机、水泵等调速节能的重要手段。

3. 改变电源频率

通过改变定子供电频率来改变同步转速实现对异步电动机的调速，在调速过程中从高速到低速都可以保持有限的转差率，因而具有高效率、宽范围和高精度的调速性能，可实现无级调速，速度可低于同步转速，也可高于同步转速。可以认为，变频调速是异步电动机的一种比较合理和理想的调速方法。

一般机械设备中的电动机调速框图如图 7-10 所示，常用的调速方法有：变极调速、转差离合器调速等。

图 7-10　一般机械设备中的电动机调速框图

随着工农业生产对调速性能要求的不断提高和电力电子技术、微电子技术的迅速发展，变频调速技术日趋成熟，变频器调速框图如图 7-11 所示。在交流异步电动机的诸多调速方法中，变频调速的性能最好，调速范围宽，静态特性好，运行效率高。采用通用变频器对笼式异步电动机进行速度控制，其使用方便、可靠性高、经济效益显著，现已逐步得到推广。

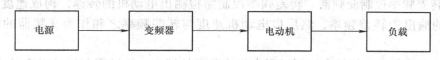

图 7-11　变频器调速框图

变频调速的优缺点：

1）调速时平滑性好，效率高，机械特性较硬，相对稳定性好。

2）调速范围较大，精度高。

3）起动电流低，对系统及电网无冲击，节电效果明显。

4）变频器体积小，便于安装、调试、维修。

5）易于实现过程自动化。

6）必须有专用的变频电源，目前造价较高。

7）在恒转矩调速时，低速段电动机的过载能力大为降低。

三、变频器的种类

目前国内外变频器的种类很多，可按以下几种方式分类：

1. 按变换环节分类

（1）交—直—交变频器　交—直—交变频器首先将频率固定的交流电变换成直流电，再通过无源逆变电路，将直流电转换成频率连续可调的交流电。由于把直流电逆变成交流电的环节较易控制，因此在频率的调节范围内，以及改善频率后电动机的特性等方面都有明显的优势，目前，此种变频器已得到普及。

整流电路 + 无源逆变电路 = 交—直—交变频电路。

（2）交—交变频器　交—交变频器把频率固定的交流电直接变换成频率连续可调的交流电。其主要特点是没有中间环节，故变换效率高。但其连续可调的频率范围窄，一般为额定频率的 1/2 以下，故它主要用于低速大容量的拖动系统中。

2. 按滤波方式分类

（1）电压型变频器　在交—直—交变压变频装置中，当中间直流环节采用大电容滤波时，直流电压波形比较平直，在理想情况下可以等效成一个内阻抗为零的恒压源，输出的交流电压是矩形波。一般的交—交变压变频装置虽然没有滤波电容，但供电电源的低阻抗使它具有电压源的性质，也属于电压型变频器。

（2）电流型变频器　在交—直—交变压变频装置中，当中间直流环节采用大电感滤波时，直流电流波形比较平直，因此电源内阻抗很大，对负载来说基本上是一个电流源，输出交流电流是矩形波。有的交—交变压变频装置用电抗器将输出电流强制变成矩形波，具有电流源的性质，它也是电流型变频器。

3. 按控制方式分类

（1）U/f 控制变频器　U/f 控制是在改变变频器输出频率的同时控制变频器输出电压，使电动机的主磁通保持一定，在较宽的调速范围内，电动机的效率和功率因数保持不变。因为是控制电压和频率的比，所以称为 U/f 控制。它是转速开环控制，无需速度传感器，控制电路简单，是目前通用变频器中使用较多的一种控制方式。

（2）转差频率控制变频器　转差频率控制需检测出电动机的转速，构成速度闭环。速度调节器的输出为转差频率，然后以电动机速度与转差频率之和作为变频器的给定输出频率。

转差频率控制是指能够在控制过程中保持磁通的恒定，能够限制转差频率的变化范围，且能通过转差频率调节异步电动机的电磁转矩的控制方式。

（3）矢量控制方式变频器　采用矢量控制方式的目的，主要是为了提高变频调速的动态性能。根据交流电动机的动态数学模型，利用坐标变换的手段，将交流电动机的定子电流分解成磁场分量电流和转矩分量电流，并分别加以控制，以获得类似于直流调速系统的动态性能。

4. 按电压的调制方式分类

（1）PAM（脉幅调制）　所谓 PAM，是通过调节输出脉冲的幅值来调节输出电压的一种方式，调节过程中，逆变器负责调频，相控整流器负责调压。目前，在中小容量变频器中很少采用，这种方式基本不用。

（2）PWM（脉宽调制）　所谓 PWM，是通过改变输出脉冲的宽度来调节输出电压的一种方式，调节过程中，逆变器负责调频调压。目前普遍应用的是脉宽按正弦规律变化的正弦脉宽调制方式，即 SPWM 方式。中小容量的通用变频器几乎全部采用此类型的变频器。

脉宽调制控制方式就是对逆变电路开关器件的通断进行控制，使输出端得到一系列幅值相等而宽度不等的脉冲，其脉冲宽度随正弦规律变化，用这些脉冲来代替正弦波所需的波形。

PWM 控制的基本原理是：在采样控制理论中有一个重要的结论：冲量（窄脉冲的面积）相等而形状不同的窄脉冲加在具有惯性的环节上，其效果（输出响应波形）基本相同。

如图 7-12 所示，若它们的面积（即冲量）相等，则把它们分别加在具有惯性的环节上，其效果基本相同，脉冲越窄，输出的差异越小。

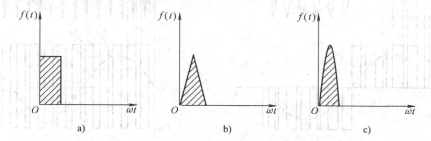

图 7-12　脉冲波形
a）矩形脉冲　b）三角形脉冲　c）正弦波脉冲

把图 7-13a 所示的正弦半波波形分成若干等分，就可以把正弦半波看成若干个相连的脉冲所组成的波形。这些宽度相等，但幅值不等的脉冲用数量相等的等幅而不等宽的矩形脉冲序列代替，使矩形脉冲的面积与相对应的正弦等分部分的面积（冲量）相等，就可得到图 7-13b 所示的脉冲序列，这就是 PWM 波形。

同理，对于正弦波的负半周，也可用同样的方法得到 PWM 脉冲序列。像这样的等效于正弦波的 PWM 脉冲波形，也称为 SPWM（正弦波脉宽调制）。

在实际应用中，为了获得 PWM 波多采用调制的方法，即把所希望频率的正弦波波形作为调制信号，把接受调制的信号作为载波，通过对载波的调制得到所希望的 PWM 波形。一般采用等腰三角波作为载波，在它与调制的正弦波的交点时刻控制电路中开关器件的通断，就可以得到宽度正比于正弦波信号幅值的脉冲，所得到的就是 SPWM 波形，如图 7-14 所示。

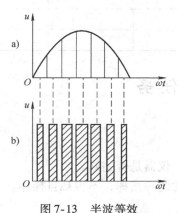

图 7-13　半波等效
a）正弦半波波形　b）PWM 波形

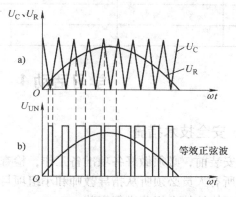

图 7-14　SPWM 调制
a）正弦半波波形　b）PWM 波形

常见的 SPWM 控制方式有两种：正半周用正向窄脉冲，负半周用负向窄脉冲的方式称为单极型 SPWM 控制方式，如图 7-15 所示；正向脉冲与负向脉冲交替发出的方式称为双极型 SPWM 控制方式，如图 7-16 所示。

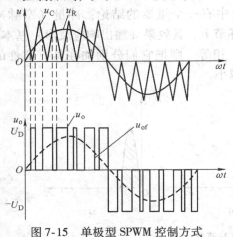

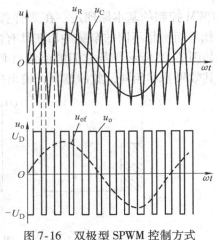

图 7-15　单极型 SPWM 控制方式　　　图 7-16　双极型 SPWM 控制方式

学习活动 3　制订工作计划

一、画出三相异步电动机变频调速系统接线图

我们在学习活动 2 中，学习了变频调速系统的面板，根据学过的内容，画出三相异步电动机变频调速系统结构框图。

二、列出材料计划清单

根据你设计的电路，列出所需材料清单。

序号	名称	规格型号	技术参数	数量	备注

学习活动 4　实　施　任　务

一、安全技术措施

1）安装前，必须做好各项准备工作，检查各工具、仪器是否完好。

2）所有人员必须听从指导教师和小组项目负责人的统一指挥，不得私自操作。

3）严格按技术规范进行安装。

4）通电前，安全负责人要认真检查线路，并在指导教师允许后，方可通电。

5）安装调试结束后，质量验收负责人要向指导教师汇报安装调试结果，并整理操作台。

二、工艺要求

1）不要将变频器安装在经常发生振动的地方，也不要装在电磁干扰源附近。

2）不要将变频器安装在有灰尘、腐蚀性气体等空气污染的环境里。

3）不要将变频器安装在潮湿环境中和潮湿管道下面。

4）使用负荷应该仅是三相笼型电动机，连接其他电气设备到变频器的输出侧可能会造成设备的损坏。

5）变频器与电动机要匹配，电压相符，功率相等或大一个级别。

6）接线时一定要注意线不能接错，特别是电源输入端与输出端不能接反，接反的后果是很严重的，甚至会造成变频器和外部设备的损坏。

三、技术规范

（1）安装　为了不影响变频器的使用寿命和降低其性能，应注意到安装方向或周围空间，正确地将其固定。为了散热及维护方便，变频器周围至少大于 10cm 或 20cm 的尺寸。

不要安装移相电容，噪声滤波器或浪涌吸收器到变频器的输出侧。

如果变频器发生故障，为防止机械和设备处于危险状态，应设置如紧急制动等安全备用装置。

对于电磁波干扰，由于变频器输入/输出（主回路）包含有谐波成分，可能干扰变频器附近的通信设备。因此，安装选件噪声滤波器，使干扰降至最小。

不要安装电力电容器，浪涌抑制器和无线电噪声滤波器（FR – BIF 选件）在变频器输出侧。这将导致变频器故障或电容和浪涌抑制器的损坏。

（2）接线　将电源，电动机和运行信号（控制信号）线接到端子排上。若接错线可能会造成变频器和外部设备的损坏。

正确连接输出侧与电动机之间电缆的 U、V、W，否则将影响电动机的旋转方向。

布线距离最长为 500m。尤其长距离布线，由于布线寄生电容所产生的冲击电流会引起过电流保护可能误动作，输出侧连接的设备可能运行异常或发生故障。

接地注意事项：

1）由于在变频器内有漏电流，为了防止触电，变频器和电动机必须接地。

2）变频器接地用独立接地端子（不要用外壳，底盘等上的螺钉代替）。

3）接地电缆尽量用粗的线径，接地点尽量靠近变频器，接地线越短越好。

4）在变频器侧接地的电动机，用 4 芯电缆其中一根接地。

四、安全要求

1）当通电或正在运行时，请不要打开前盖板，否则会发生触电。

2）在前盖板拆下时请不要运行变频器，否则可能会接触到高电压端子和充电部分而造成触电事故。

3）即使电源处于断开时，除布线定期检查外，请不要拆下前盖板。否则，由于接触变频器充电回路可能造成触电事故。

4）布线或检查，请在断开电源经过 10min 以后，用万用表等检测剩余电压消失以后进行。断电后一段时间内，电容上仍然有危险的高压电。

5）应在安装后进行布线，否则会造成触电或受伤。

6）请不要用湿手操作开关，以防止触电。

7）对于电缆，请不要损伤它，对它加上过重的应力，使它承载重物或对它钳压，否则会导致触电。

8）变频器发生故障时，应在变频器的电源侧断开电源。若持续地流过大电流，会导致火灾。

9）不要在直流端子 P、N 上直接连接电阻，这样会导致火灾。

10）各个端子上加的电压只能是使用手册上所规定的电压，以防止爆裂、损坏等。

11）确认电缆与正确的端子相连接，否则，会发生爆裂、损坏等事故。

12）始终应保证正、负极性的正确，以防止爆裂、损坏等。

13）正在通电或断开电源不久，不要接触变频器，因为变频器的温度较高，会引起烫伤。

14）不要频繁使用变频器输入侧的电磁接触器起动和停止变频器。

五、任务实施

1. 连续运行

1）按技术规范进行变频器及外围设备安装。

2）将电源与变频器及电动机连接好，电动机丫联结，如图 7-17 所示。

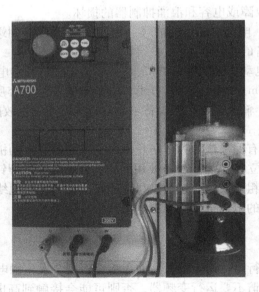

图 7-17　变频器与电动机的连接及电动机丫联结

3）对各部分电路进行接线检查，经教师检查同意，方可通电。

4）通电，按表 7-9 中的数值设定相应参数。

表7-9　参数设定

参数名称	参数号	设定数据
加速时间	Pr. 7	4
减速时间	Pr. 8	3
上限频率	Pr. 1	50
下限频率	Pr. 2	0
运行模式	Pr. 79	1

5）设定运行频率为20Hz。

6）返回监视模式，观察MON和Hz灯亮。

7）按FWD键，电动机正向运行在设定的运行频率上（20Hz），同时，FWD灯亮。

8）按REV键，电动机反向运行在设定的运行频率上（20Hz），同时，REV灯亮。

9）再分别改变运行频率为30Hz，50Hz，重复6）和7）操作，反复练习。

10）对调试过程中出现的故障进行排除，并做好记录。

11）任务实施完毕后断电，清理现场。

故障检查修复记录

检修步骤	过程记录
观察到的故障现象	
分析故障现象原因	
确定故障范围，找到故障点	
排除故障	

2. 点动运行操作

1）设定参数Pr. 15 =35Hz（点动状态下的运行频率），Pr. 16 =4s（点动状态下的加减速时间）。

2）在Pr. 79 =0的情况下，用PU/EXT键切换到监视器上显示JOG字样，进入到点动状态。

3）按下FWD或REV键，即正向点动或反向点动，运行在35Hz上，加、减速时间由Pr. 16的值决定（4s）。

六、评价标准

评价内容	分值	评分		
		自我评价	小组评价	教师评价
能掌握变频器面板各按键的功能	20			
能设置面板操作的参数	20			
能独立进行变频器面板操作	30			
出现故障正常排除	10			
遵守安全文明生产规程	10			
施工完成后认真清理现场	10			
合计				

学习活动 5　总结与评价

参照表 1-5 进行综合评价。

习题

一、填空题

1. （　　）+（　　）=交—直—交变频电路。

2. 将直流电转换成交流电称为（　　），将所得的交流电送回电网，称为（　　），将所得的交流电直接供负载使用，称为（　　）。

3. 按变换环节分，变频器可分为（　　）和（　　）。

4. 按滤波方式分，变频器可分为（　　）和（　　）。

5. 按电压的调制方式分，变频器可分为（　　）和（　　）。

6. 所谓交—直—交变频电路就是将（　　）Hz 的交流电先转换成直流电，再通过（　　）电路，将直流电转换成频率可调的交流电。

7. 将（　　）电转换成（　　）电的过程称为整流。

8. 绝缘栅双极晶体管是（　　）控型电力电子器件。

9. 冲量相等而形状不同的（　　）加在具有惯性的环节上其效果是（　　）。

10. 常见的 SPWM 控制方式有（　　）控制方式和（　　）控制方式两种。

11. 三菱 FR – A740 变频器中，MODE 键叫（　　）键，用于选择（　　）；PU/EXT 键叫（　　）键，用于选择（　　）；SET 键叫（　　）键，用于确定（　　）的设定；FWD 键叫（　　）键，用于给出（　　）指令；REV 键叫（　　）键，用于给出（　　）指令。

12. 显示频率时（　　）灯点亮，显示电压时（　　）灯点亮，监视显示模式时（　　）灯点亮。

13. 三菱 FR – A740 变频器 Pr. 2 是（　　）参数，Pr. 7 是（　　）参数，Pr. 13 是（　　）参数，Pr. 15 是（　　）参数。

二、判断题

（　　）1. 将逆变所得的交流电送回电网，称为有源逆变。

（　　）2. 改变定子绕组磁极对数可实现无级调速，转速可低于同步转速，也可高于同步转速。

（　　）3. 改变电源频率，可实现无级调速，转速可低于同步转速，也可高于同步转速。

（　　）4. 改变转差率 s 调速，转速可以高于同步转速，但效率较低。

（　　）5. 不要将变频器安装在经常发生振动的地方，也不要装在电磁干扰源附近。

（　　）6. 变频器不要安装在通风处。

（　　）7. 变频器不可以安装在有灰尘、腐蚀性气体等空气污染的环境里。

（　　）8. 三菱 FR – A740 变频器中，显示电流时 A 灯点亮，正转时 REV 灯点亮。

（　　）9. PU 运行操作，就是用变频器操作面板控制电动机起停和运行频率的一种方法。

（　　）10. PU 模式下设定运行频率时，若闪烁后按下 SET 键仍能设置成功。

（　　）11. 电动机在运行和停止时都可以设定连续运行的频率。

（　　）12. 改变监视类型操作按 SET 键。

三、选择题

1. 电流型逆变器通常在直流侧采用大（　　）进行滤波。

A. 电感　　　　　　B. 电容　　　　　　C. 电阻　　　　　　D. 电阻和电容

2. 电压型逆变器通常在直流侧采用大（　　）进行滤波。

A. 电感　　　　　　B. 电容　　　　　　C. 电阻　　　　　　D. 电阻和电容

3. 电压型逆变器的输出电压波形为（　　）。

A. 正弦波形　　　　B. 脉冲波形　　　　C. 锯齿波形　　　　D. 交变矩形波形

4. 电流型逆变器的输出电流波形为（　　）。

A. 正弦波形　　　　B. 脉冲波形　　　　C. 锯齿波形　　　　D. 交变矩形波形

5. 绝缘栅双极晶体管 IGBT 是一种（　　）电力电子器件。

A. 不可控型　　　　B. 半控型　　　　　C. 全控型

6. 三菱 FR - A740 变频器操作模式选择参数是（　　）。

A. Pr. 76　　　　　B. Pr. 77　　　　　C. Pr. 78　　　　　D. Pr. 79

7. 三菱 FR - A740 变频器参数写入选择参数是（　　）。

A. Pr. 76　　　　　B. Pr. 77　　　　　C. Pr. 78　　　　　D. Pr. 79

8. 三菱 FR - A740 变频器上限频率参数是（　　）。

A. Pr. 1　　　　　　B. Pr. 2　　　　　　C. Pr. 7　　　　　　D. Pr. 8

9. 三菱 FR - A740 变频器减速时间参数是（　　）。

A. Pr. 1　　　　　　B. Pr. 2　　　　　　C. Pr. 7　　　　　　D. Pr. 8

10. 三菱 FR - A740 变频器点动加/减速时间参数是（　　）。

A. Pr. 13　　　　　B. Pr. 15　　　　　C. Pr. 16　　　　　D. Pr. 20

11. 当电动机的运行频率设置为 40Hz 时，Pr. 1 = 20Hz，Pr. 2 = 100Hz，电动机运行至稳定状态时的频率值为（　　）。

A. 0Hz　　　　　　B. 20Hz　　　　　　C. 40Hz　　　　　　D. 100Hz

12. 当电动机的运行频率设置为 20Hz 时，Pr. 1 = 100Hz，Pr. 2 = 30Hz，电动机运行至稳定状态时的频率值为（　　）。

A. 0Hz　　　　　　B. 20Hz　　　　　　C. 30Hz　　　　　　D. 100Hz

13. 当电动机的运行频率设置为 110Hz 时，Pr. 1 = 100Hz，Pr. 2 = 20Hz，电动机运行至稳定状态时的频率值为（　　）。

A. 0Hz　　　　　　B. 20Hz　　　　　　C. 100Hz　　　　　　D. 110Hz

四、简答题

1. 交流调速和直流调速各有哪些特点？

2. 交流异步电动机的调速方法有哪几种？

3. 调速的目的有哪些？

4. 电压型变频器有哪些特点?

5. 电流型变频器有哪些特点?

6. 变频器通常由哪些部分组成?

7. 变频器对安装环境有何要求?

8. 简述变频器安装方法。

9. 三菱 FR – A740 变频器中，上限频率、下限频率、加速时间、起动频率、点动频率和点动加减速时间分别由哪些参数决定?

10. 简述 Pr. 79 设定值 0 ~ 4 的含义。

11. 通用变频器的维护包括哪些方面?

12. 简述通用变频器定期检查的主要项目及维护方法。

五、操作题

1. 让学生进行铭牌识读，并进行拆装。

2. PU 模式下的运行频率设置为 40Hz。

3. 设定上限频率为 100Hz。

4. 将修改过的参数全部清除。

5. 将监视类型由频率切换到电压，再切换到电流。

学习任务八

煤矿主提绞车变频调速的运行与检修

学习目标：

1. 能掌握变频器接线端子的功能。
2. 能独立进行变频器的外部操作。
3. 能设置相应参数并对变频器外部操作进行控制。
4. 能识别变频器显示的故障码，并独立排除故障。

情景描述

　　变频器除通过面板 PU 操作以外，还可以通过外部接线端子进行外部运行操作。例如，煤矿主提二段绞车采用交流电动机变频调速拖动，调速控制系统中没有反馈环节，由绞车工手动、模拟信号控制交流电动机运行。

学习活动 1　明确工作任务

　　本任务以煤矿主提二段绞车交流电动机变频调速为例，学习并掌握三菱 FR – A740 变频器各接线端子的功能、外部运行操作及运行操作中提示的错误信息含义。

学习活动 2　学习相关知识

一、三菱 FR – A740 变频器接线端子及外部运行

（一）引导问题

1. 三菱 FR – A740 变频器的接线端子大体上可分为哪几部分？每一部分起什么作用？
2. 三菱 FR – A740 变频器的控制电路接线端子分为哪几部分？
3. 三菱 FR – A740 变频器各接线端子的功能分别是什么？
4. 要实现外部连续运行需要接哪些端子？应如何连接？
5. 外部操作调试时需要注意什么？
6. 要实现外部点动运行需要接哪些端子？应如何连接？

7. 外部操作和 PU 操作有何异同?

(二) 咨询资料

1. 三菱 FR – A740 变频器接线端子的介绍

三菱 FR – A740 变频器的接线端子如图 8-1 所示，其实物如图 8-2 所示。三菱 FR – A740 变频器的接线端子分为主电路接线端子和控制电路接线端子两部分。主电路接线端子是变频器与电源及电动机连接的接线端子，其中输入端子 R、S、T 接三相电源，输出端子 U、V、W 接电动机，R、S、T 端子和 U、V、W 端子绝对不能接反，否则会烧坏变频器；控制电路接线端子分输入信号端子、输出信号端子、模拟信号设定端子。

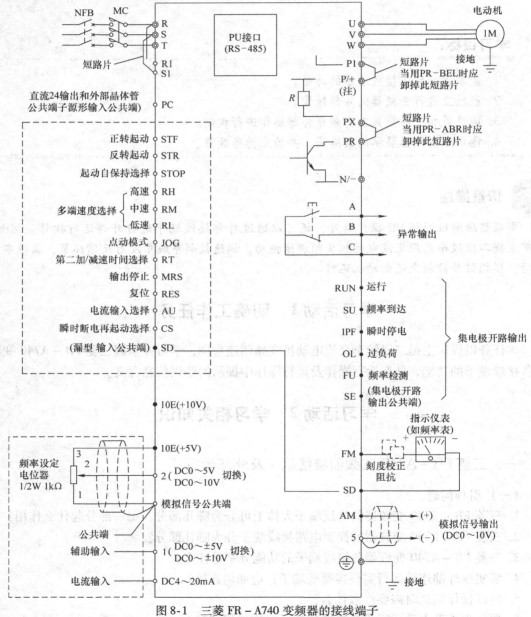

图 8-1　三菱 FR – A740 变频器的接线端子
注：端子 PR、PX 在 0.4 ~ 7.5kW 的变频器中装有。

174

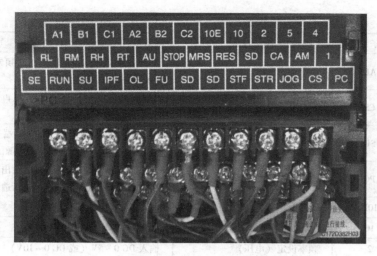

图 8-2　三菱 FR – A740 变频器的接线端子实物

三菱 FR – A740 变频器主电路接线端子的功能见表 8-1；控制电路接线端子的功能见表 8-2。

表 8-1　主电路接线端子的功能

端子记号	端子名称	功　　能
R、S、T	交流电源输入	连接工频电源
U、V、W	变频器输出	接三相电动机
R1、S1	控制电路电源	与交流电源端子 R、S 连接
P、N	连接制动单元	连接选件 FR – BU 型制动单元或电源再生单元（FR – RC）或高功率因数转换器（FR – HC）
P、P1	连接改善功率因数 DC 电抗器	拆开端子 P – P1 间的短路片，连接选件改善功率因数用电抗器（FR – BEL）
PR、PX	厂家设定用端子，请不要接任何东西	
⏚	接地	变频器外壳接地用

表 8-2　控制电路接线端子的功能

类型		端子记号	端子名称	说明	
输入信号	起动接点功能设定	STF	正转起动	STF 信号处于 ON 便正转，处于 OFF 便停止	当 STF 和 STR 信号同时处于 ON 时，相当于给出停止指令
		STR	反转起动	STR 信号处于 ON 便反转，处于 OFF 便停止	
		STOP	起动自保持选择	使 STOP 信号处于 ON，可以选择起动信号自保持	
		RH、RM、RL	多段速度选择	用 RH、RM、RL 信号的组合可以选择多段速度	
		JOG	点动模式选择	JOG 信号处于 ON 时选择点动运行	
		RT	第 2 加减速时间选择	RT 信号处于 ON 时选择第 2 加减速时间	
		MRS	输出停止	MRS 信号为 ON（20ms）时，变频器输出停止	
		RES	复位	用于解除保护回路动用的保持状态	

(续)

类型		端子记号	端子名称	说明
输入信号	起动接点功能设定	AU	电流输入选择	只有端子 AU 处于 ON 时，变频器才可用直流 4 ~ 20mA 作为频率设定信号
		CS	瞬时停电再起动选择	CS 信号预先处于 ON，瞬时停电再恢复时变频器便可自动起动
		SD	输入公共端子	接点输入端子和 FM 端子的公共端 直流 24V，0.1A（PC 端子）电源的输出公共端
		PC	直流 24V 电源	连接晶体管输出时，将晶体管输出用的外部电源公共端连接到该端子上，防止因漏电而造成的误动作
模拟	频率设定	10E	频率设定用电源	DC 10V，容许负荷电流 10mA
		10		DC 5V，容许负荷电流 10mA
		2	频率设定（电压）	输入 DC 0 ~ 5V（或 DC 0 ~ 10V）
		4	频率设定（电流）	输入 4 ~ 20mA
		1	辅助频率设定	输入 DC 0 ~ ±5V 或 DC 0 ~ ±10V 时，端子 2 或 4 的频率设定信号与这个信号相加
		5	频率设定公共端	频率设定信号（端子 2，1 或 4）和模拟输出端子 AM 的公共端，不要接大地

外部运行操作就是用变频器控制端子上的外部接线控制电动机起停和运行频率的一种方法。

2. 外部运行操作

在实际工作中经常碰到模拟量的控制信号，如温度、流量、液位、压力等，也时常用模拟量信号来控制变频器的输出，我们可以使用外部的开关来控制变频器的起动与停止，通过参数设置来达到要求的某一频率（或某一转速）。

我们用一个电位器来代替模拟信号的输入，进一步了解模拟量控制变频器的参数设置情况。

外部连续运行接线如图 8-3 所示。

外部运行操作就是用变频器控制端子上的外部接线控制电动机起停和运行频率的一种方法。这种方法是通过 Pr.79 的值来进行操作模式切换的，此时参数单元操作无效，这种操作模式在实际中应用较多。

（1）通过模拟信号进行频率设定（电压输入）控制电路按图 8-3 接线，外部连续运行（电压输入）操作步骤（见图 8-4）如下：

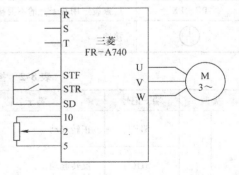

图 8-3　外部连续运行接线

1）按图 8-3 所示正确接线。

2）电源 ON，确认为外部运行模式，"EXT" 灯亮，不亮请按 "PU/EXT" 键。

3）起动时，起动开关（STF 或 STR）置为 ON。运行状态显示 FWD 或 REV 亮灯。

4）加速时，将电位器慢慢旋转到最大。

5）减速时，将电位器慢慢旋转到最小。

6）停止时，将起动开关（STF 或 STR）置为 OFF。

注意：想改变电位器的最大值（5V 时 初始值）时的频率（50Hz）的设定，要通过 Pr.125 端子 2 频率设定增益频率来决定。

（2）通过模拟信号进行频率设定（电流输入） 控制电路按图 8-5 接线，外部连续运行（电流输入）操作步骤如下：

1）按图 8-5 所示正确接线。

2）电源置为 ON，确认为外部运行模式，"EXT" 灯亮，不亮请按 "PU/EXT" 键。

3）电流输入选择开关（AU）置为 ON，选择电流输入选择方式。

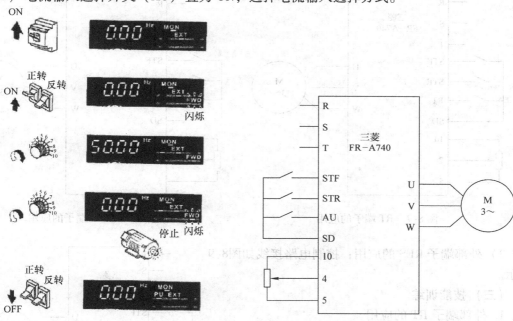

图 8-4 外部连续运行操作　　　　图 8-5 外部连续运行（电流输入选择）

4）起动开关（STF 或 STR）置为 ON，运行状态显示 FWD 或 REV 亮灯。

5）加速时，将电位器慢慢旋转到最大。

6）减速时，将电位器慢慢旋转到最小。

7）停止时，将起动开关（STF 或 STR）置为 OFF。

注意：想改变电流最大输入（20mA 时 初始值）时的频率（50Hz）的设定，要通过 Pr.126 端子 4 频率设定增益频率来决定。

（3）外部点动操作 外部点动接线如图 8-6 所示。运行时，保持起动开关（STF 或 STR）接通，断开则停止。

1）设定 Pr.15（点动频率）和 Pr.16（点动加、减速时间）。

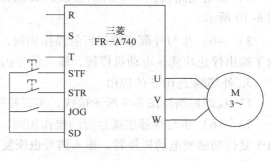

图 8-6 外部点动接线

2）选择外部操作模式。

3）接通 SD 与 JOG，变频器处于外部点动状态。

4）接通点动信号，其保持起动信号（STF 或 STR）接通，进行点动运行。

（4）外部端子 RT、MRS、RES 的应用

1）外部端子 RT 的应用：控制电路接线如图8-7所示。

第2加减速时间分别为 Pr.44 和 Pr.45。其中 Pr.44 的设定范围为 0～3600s，Pr.45 的设定范围为 0～3600s。

2）外部端子 MRS 的应用：控制电路接线如图8-8所示。

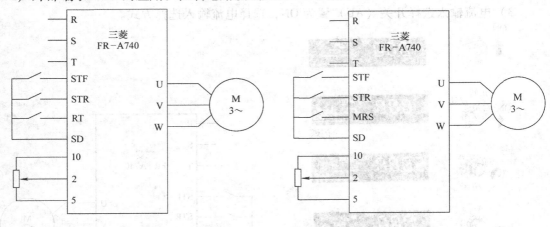

图 8-7　RT 端子的应用　　　　　　　　图 8-8　MRS 端子的应用

3）外部端子 RES 的应用：控制电路接线如图8-9所示。

（三）技能训练

1. 外部端子 RT 的应用

1）控制电路按图 8-7 所示接线，实训控制板如图 8-10 所示。

2）～6）步与外部连续运行的操作相同，在起动前先设定参数 Pr.44 和 Pr.45 的值。

2. 外部端子 MRS 的应用

1）控制电路按图 8-8 所示接线，实训控制板如图 8-10 所示。

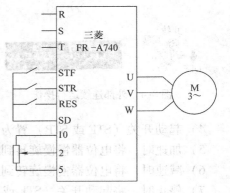

图 8-9　RES 端子的应用

2）～6）步与外部连续运行的操作相同，在电动机运行的状态下，接通 SD 与 MRS，则由于输出停止功能使电动机停转，输入信号仍保持。

3. 外部端子 RES 的应用

1）控制回路按图 8-9 所示接线，实训控制板如图 8-10 所示。

2）～6）步与外部连续运行的操作相同，在电动机运行的状态下，接通 SD 与 RES，则由于复位功能使电动机停转，输入信号也恢复到断开状态。

注意：

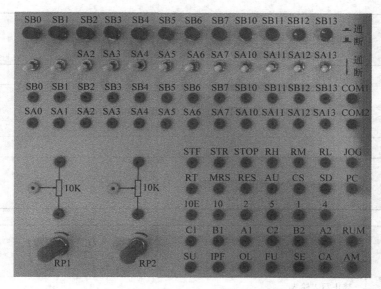

图 8-10　控制回路实训板

1）当 STF 和 STR 同时与 SD 接通时，相当于发出停止信号，电动机停止。

2）绝对不能用参数单元上的 STOP 键停止电动机，否则报警显示 PS（清除最简单的方法是关掉电源，重新开启）。

（四）评价标准

评价内容	分值	评分		
		自我评价	小组评价	教师评价
能掌握外部各端子的功能	20			
能正确实现外部连续及点动操作	20			
能正确实现外部各端子的功能	20			
安全意识	10			
团结协作	10			
自主学习能力	10			
语言表达能力	10			
合计				

二、故障检修

（一）引导问题

变频器控制电动机运行中，你遇到过哪些故障现象？怎样进行故障排除？

（二）咨询资料

1. 错误信息

操作上的故障用消息的形式显示，不切断输出。

操作面板显示	HOLD	$HOLd$
名称	操作面板锁定	
内容	设定了操作锁定模式，除了 STOP/RESET 之外的操作无效	
检查要点	—	
措施	MODE 按定 2s 后操作锁定将解除	

操作面板显示	Er1	$Er1$
名称	禁止写入输入	
内容	1. Pr. 77 参数写入选择中设定为禁止写入，这样的情况下采取写入动作时 2. 频率跳变的设定范围重复时 3. V/F5 点可调整的设定值重复的情况下 4. 参数单元和变频器不能正常通信时	
检查要点	1. 请确认 Pr. 77 参数写入选择的设定值 2. 请确认 Pr. 31 ~ Pr. 36（频率跳线）的设定值 3. 请确认 Pr. 100 ~ Pr. 109（V/F5 点可调整）的设定值 4. 请确认参数单元与变频器的连接	

操作面板显示	Er2	$Er2$
名称	运行中写入错误	
内容	Pr. 77 不等于 2（任何运行模式下都可写入）的情况下，在运行中或将 STF（STR）置为 ON 时采取参数写入动作时	
检查要点	1. 请确认 Pr. 77 的设定值 2. 是否是运行中	
措施	1. 请设置为 Pr. 77 = 2 2. 停止运行后进行参数的写入动作	

操作面板显示	Er3	$Er3$
名称	校正错误	
内容	模拟输入的偏置，增益的校正值过于接近时	
检查要点	请确认校正参数 C3，C4，C6，C7（校正功能）的设定值	

操作面板显示	Er4	$Er4$
名称	模式指定错误	
内容	Pr.77 不等于 2 的情况下外部、网络运行模式下进行参数设定时	
检查要点	1. 运行模式是否为"PU 运行模式" 2. 请确认 Pr.77 的设定值	
措施	1. 把运行模式切换为"PU 运行模式"后进行参数设定 2. 请设置为 Pr.77 = 2 后进行参数设定	

操作面板显示	rE1	$rE1$
名称	参数读取错误	
内容	在参数复制的参数读取中操作面板侧发生了 EEPROM 异常时	
检查要点	—	
措施	1. 请重新复制参数 2. 有可能是操作面板（FR - DU07）的故障	

操作面板显示	rE2	$rE2$
名称	参数写入错误	
内容	1. 运行中进行参数复制写入时引发此错误 2. 在参数复制写入中操作面板侧发生 EEPROM 异常时	
检查要点	操作面板的（FR - DU07）的 FWD 或 REV 的灯是否亮灯或闪烁	
措施	1. 停止运行后重新复制参数 2. 可能是操作面板（FR - DU07）的故障	

操作面板显示	rE3	$rE3$
名称	参数对照错误	
内容	1. 操作面板侧的数据与变频器的数据不一致时 2. 参数对照中操作面板侧发生了 EEPROM 异常时	
检查要点	请确认对照源的变频器与对照目标变频器的参数设定	
措施	1. 按 SET 键继续对照 2. 可能是操作面板（FR - DU07）的故障	

操作面板显示	rE4	$rE4$
名称	机种错误	
内容	1. 参数写入时，对照中机种不同时 2. 中断参数复制的读取之后，中断了参数复制的写入时	
检查要点	1. 请确认对照的变频器是否为同类型 2. 执行参数复制的读取过程中，是否因断开电源或按下操作面板等中断了读取操作	
措施	1. 在同类型的变频器（FR－A740 系列）间进行参数复制和对照 2. 再次实施参数复制的读取操作	

操作面板显示	Err.	$Err.$
内容	1. RES 信号处于 ON 时 2. PU 与变频器不能进行正常通信时（连接器接触不良） 3. 控制回路电源（R1/L11，S1/L21）采用与主回路电源（R/L1，S/L2，T/L3）不同的电源时，一打开主回路，就会显示，并非异常	
措施	1. 请将 RES 信号置为 OFF 2. 请确认 PU 与变频器的连接	

2. 报警

保护功能动作时也不切断输出。

操作面板显示	PS	PS	FR－PU04－CH	PS
名称	PU 停止			
内容	在 Pr. 75 的复位选择/参数单元脱出检测/参数单元停止选择状态下用 PU 的 (STOP RESET) 键设定停止			
检查要点	是否按下操作面板的 (STOP RESET) 键使其停止			
措施	起动信号置为 OFF，用 (PU EXT) 键可以消除			

3. 轻故障

保护功能动作时也不切断输出。

操作面板显示	FN	Fn	FR－PU04－CH	FN
名称	风扇故障			
内容	使用装有冷却风扇的变频器，冷却风扇因故障而停止，或者转速下降时，进行了与 Pr. 244 冷却风扇动作选择的设定不同的动作时，操作面板上显示出 Fn			
检查要点	冷却风扇是否异常			
措施	可能是风扇故障			

4. 严重故障

保护功能动作，切断变频器输出，输出异常信号。

操作面板显示	E. 1LF	*E.1LF*	FR – PU04 – CH	Fault 14
名称	输入断相			
内容	在 Pr. 872 输入断相保护选择里设定为功能有效（＝1）且 3 相电源输入中断开—相时动作			
检查要点	3 相电源的输入用电缆是否被断开			
措施	1. 正确接线 2. 对断线部位进行修理 3. 确认 Pr. 872 的输入断相保护选择的设定值			

操作面板显示	E. LF	*E. LF*	FR – PU04 – CH	—
名称	输出断相			
内容	当变频器输出侧（负载侧）三相（U，V，W）中有一相断开时，变频器停止输出			
检查要点	1. 确认接线（电动机是否正常） 2. 是否使用比变频器容量小的电动机			
措施	1. 正确接线 2. 确认 Pr. 251 输出断相保护选择的设定值			

操作面板显示	E. PUE	*E.PUE*	FR – PU04 – CH	PU Leave Out
名称	PU 脱离			
内容	当 Pr. 75 复位选择/PU 停止选择设定在"2"，"3"，"16"或"17"状态下，如果操作面板及参数单元脱落，主机与 PU 的通信终止，变频器则停止输出。当 Pr. 121 PU 通信再试次数的值设定为"9999"，用 RS – 485 通过 PU 接口进行通信时，如果连续通信错误发生次数超过允许再试次数，变频器则停止输出。超过 Pr. 122 通信校验时间间隔设定的时间，通信中途断开时，变频器则停止输出			
检查要点	1. FR – DU07 及参数单元（FR – PU04 – CH）的安装是否太松 2. 确认 Pr. 75 的设定值			
措施	安装好 FR – DU07 或参数单元（FR – PU04 – CH）			

操作面板显示	E. P24	*E.P24*	FR – PU04 – CH	—
名称	直流 24V 电源输出短路			
内容	从 PC 端子输出的直流 24V 电源短路时，电源输出切断 此时，外部接点输入全部为 OFF。端子 RES 输入不能复位。复位时，应使用操作面板或电源切断再投入的方法			
检查要点	PC 端子输出是否短路			
措施	排除短路故障			

（三）技能训练

当监视器上出现 HOLD、Er1、Er2、Er4、Err、PS、E. 1LF、E. LF、E. PUE、E. P24 等字样时，分别说明是什么原因？如何检查？如何处理？

（四）评价标准

评价内容	分值	评分		
		自我评价	小组评价	教师评价
能正确识别错误提示	20			
能根据提示正确排除显示的错误	20			
能排除常见故障	20			
安全意识	10			
团结协作	10			
自主学习能力	10			
语言表达能力	10			
合计				

学习活动3 制订工作计划

一、画出三相异步电动机变频调速系统接线图

我们在学习活动2中，学习了变频调速系统的外部端子，根据学过的内容，设计三相异步电动机变频器外部操作调速系统，并画出结构框图。

二、列出材料计划清单

根据你设计的电路，列出所需材料清单。

序号	名称	规格型号	技术参数	数量	备注

学习活动4 实施任务

一、安全技术措施

1）安装前，必须做好各项准备工作，检查各工具、仪器是否完好。

2）所有人员必须听从指导教师和小组项目负责人的统一指挥，不得私自操作。

3）严格按技术规范进行安装。

4) 通电前，安全负责人要认真检查线路，并在指导教师允许后，方可通电。

5) 安装调试结束后，质量验收负责人要向指导教师汇报安装调试结果，并整理操作台。

二、工艺要求

1) 不要将变频器安装在经常发生振动的地方，也不要装在电磁干扰源附近。

2) 不要将变频器安装在有灰尘、腐蚀性气体等空气污染的环境里。

3) 不要将变频器安装在潮湿环境中和潮湿管道下面。

4) 使用负荷应该仅是三相笼型电动机，连接其他电气设备到变频器的输出侧可能会造成设备的损坏。

5) 变频器与电动机要匹配，电压相符，功率相等或大一个级别。

6) 接线时一定要注意线不能接错，特别是电源输入端与输出端不能接反，接反的后果是很严重的，甚至会造成变频器和外部设备的损坏。

三、技术规范

安装与主电路接线技术规范与学习任务七相同。

1. 控制电路接线

1) 端子 SD、SE 和 5 为 I/O 信号的公共端子，相互隔离，不要将这些公共端子互相连接或接地。

2) 控制电路端子的接线应使用屏蔽线或双绞线，而且必须与主电路，强电回路（含 200V 继电器程序回路）分开布线。

3) 由于控制电路的频率输入信号是微小电流，所以在接点输入的场合，为了防止接触不良，微小信号接点应使用两个并联的接点或使用双生接点。

4) 控制电路建议用 0.75mm^2 的电缆接线。如果使用 1.25mm^2 或以上的电缆，在布线太多和布线不恰当时，前盖板将盖不上，导致操作面板或参数单元接触不良。

2. 连接独立选件单元

(1) 连接 FR - BU 制动单元（选件）　为了提高减速时的制动能力，连接 FR - BU 制动单元选件。

(2) 连接 FR - HC 提高功率因数整流器（选件）　当连接提高功率因数整流器（FR - HC）用于抑制电源谐波。错误的接线将损坏提高功率因数整流器和变频器。确认接线正确后，设定 Pr. 30 "再生制动功能选择" 为 "2"。

(3) 连接 FR - RC 能量回馈单元（选件）　为与电源协调，应安装改善功率因数的交流电抗器（FR - BAL）。

当连接 FR - RC 能量回馈单元时，使变频器端子（P，N）和 FR - RC 能量回馈单元端子的记号相同。确认接线正确后，设定 Pr. 30 "再生制动功能选择" 为 "0"。

(4) 连接改善功率因数直流电抗器（选件）　在端子 P1 - P 间连接 FR - BEL 改善功率因数直流电抗器，为此应将 P1 - P 间的短路片拆掉，否则不能发挥电抗器的作用。

四、安全要求

1) 当通电或正在运行时，不要打开前盖板，否则会发生触电事故。

2）在前盖板拆下时不要运行变频器，否则可能会接触到高电压端子和充电部分而造成触电事故。

3）即使电源处于断开状态，除布线、定期检查外，也不要拆下前盖板，否则由于接触变频器充电回路可能造成触电事故。

4）布线或检查工作应在断开电源的10min，且用万用表等检测剩余电压消失以后进行。断电后一段时间内，电容上仍然有危险的高压电。

5）不要用湿手操作开关，以防止触电。

6）变频器发生故障时，应在变频器的电源侧断开电源。若持续地流过大的电流，会导致火灾。

7）不要在直流端子P、N上直接连接电阻，否则会导致火灾。

8）各个端子上加的电压只能是使用手册上所规定的电压以防止爆裂、损坏等。

9）正在通电或断开电源不久，不要接触变频器，因为变频器温度较高，会引起烫伤。

10）不要频繁使用变频器输入侧的电磁接触器起动或停止变频器。

五、任务实施

1. 外部连续运行

1）按技术规范进行变频器及外围设备安装。

2）主电路按图7-17所示接线。

3）控制电路按图8-3所示接线，实训控制板如图8-10所示。

4）对各部分电路进行接线检查，老师检查无误后通电。

5）在PU模式下设定参数，将Pr.79设置为2，EXT灯亮。

6）接通SD与STF，转动电位器，电动机正向调整速度。

7）断开SD与STF，电动机停止。

8）接通SD与STR，转动电位器，电动机反向调整速度。

9）断开SD与STR，电动机停止。

10）对调试过程中出现的故障进行排除，并做好记录，填入故障检修修复记录表中。

11）任务实施完毕后断电，清理现场。

故障检查修复记录表

检修步骤	过程记录
观察到的故障现象	
分析故障现象原因	
确定故障范围，找到故障点	
排除故障	

2. 外部点动操作

1）按技术规范进行变频器及外围设备安装。

2）主电路按图7-17所示接线。

3）控制电路按图8-6所示接线，实训控制板如图8-10所示。

4）对各部分电路进行接线检查，老师检查无误后通电。

5）在 PU 模式下设定参数，Pr. 15 = 35Hz；Pr. 16 = 4s。

6）接通 SD 与 JOG，变频器处于外部点动状态。

7）接通 SD 与 STF，正向点动运行在 35Hz；断开 SD 与 STF，电动机停止。

8）接通 SD 与 STR，正向点动运行在 35Hz；断开 SD 与 STR，电动机停止。

9）对调试过程中出现的故障进行排除，并做好记录。

10）任务实施完毕后断电，清理现场。

六、评价标准

评价内容	分值	评分		
		自我评价	小组评价	教师评价
能掌握变频器各接线端子的功能	20			
能设置有关外部操作的参数	20			
能独立进行变频器外部操作	30			
出现故障正常排除	10			
遵守安全文明生产规程	10			
施工完成后认真清理现场	10			
合计				

学习活动5　总结与评价

参照表1-5进行综合评价。

 习题

一、填空题

1. 三菱 FR – A740 变频器中，AU 是（　　　）端子，RT 是（　　　）端子，JOG 是（　　　）端子。

2. 改变电压最大输入时的频率设定，要通过端子2频率设定增益频率参数（　　　）来决定。

3. 改变电流最大输入时的频率设定，要通过端子4频率设定增益频率参数（　　　）来决定。

二、判断题

（　　　）1. 三菱 FR – A740 变频器接线端子中输入端子 R、S、T 接电动机，输出端子 U、V、W 接三相电源。

（　　　）2. 在 PU 和外部操作模式下，都可以进行参数全部清除操作。

（　　　）3. 在外部运行操作模式下，同时给定 STF 和 STR 信号时，电动机则进行正转运行。

（　　　）4. 外部运行操作，就是用变频器控制端子上的接线控制电动机起停和运行频率的一种方法。

（　　）5. 三菱 FR – A740 变频器接线端子中输入端子 U、V、W 接三相电源，输出端子 R、S、T 接电动机。

（　　）6. 外部操作时可以用操作面板上的 STOP 键对电动机进行正常停止。

三、选择题

1. 三菱 FR – A740 变频器输出停止端子是（　　）。

A. RH　　　　　　　　B. STOP　　　　　　　　C. MRS　　　　　　　　D. AU

2. 三菱 FR – A740 变频器复位端子是（　　）。

A. RES　　　　　　　B. STOP　　　　　　　　C. MRS　　　　　　　　D. AU

3. 三菱 FR – A740 变频器过负荷端子是（　　）。

A. RUN　　　　　　　B. SU　　　　　　　　　C. OL　　　　　　　　　D. SE

4. 三菱 FR – A740 变频器 10 号端子是（　　）V 电源。

A. 0　　　　　　　　B. 5　　　　　　　　　　C. 10　　　　　　　　　D. 24

5. 三菱 FR – A740 变频器 10E 端子是（　　）V 电源。

A. 0　　　　　　　　B. 5　　　　　　　　　　C. 10　　　　　　　　　D. 24

6. 三菱 FR – A740 变频器外部点动频率由（　　）来决定。

A. Pr. 13　　　　　　B. Pr. 15　　　　　　　C. Pr. 16　　　　　　　D. Pr. 20

7. 三菱 FR – A740 变频器外部点动加减速时间由（　　）来决定。

A. Pr. 13　　　　　　B. Pr. 15　　　　　　　C. Pr. 16　　　　　　　D. Pr. 20

8. 三菱 FR – A740 变频器外部连续运行频率加速时间由（　　）来决定。

A. Pr. 7　　　　　　B. Pr. 8　　　　　　　　C. Pr. 16　　　　　　　D. Pr. 44

9. 三菱 FR – A740 变频器模拟量设定时，操作模式选择参数 Pr. 79 应设置为（　　）。

A. 0　　　　　　　　B. 1　　　　　　　　　　C. 2　　　　　　　　　D. 3

10. 三菱 FR – A740 变频器加、减速基准频率设定参数为（　　）。

A. Pr. 13　　　　　　B. Pr. 15　　　　　　　C. Pr. 16　　　　　　　D. Pr. 20

四、简答题

三菱 FR – A740 变频器中，端子 STF、STR、RH、RM、RL、STOP、JOG、RT、AU、MRS、RES、SD 的含义是什么？

五、画图题

1. 画出通过模拟信号进行频率设定（电压输入）的外部操作接线图。

2. 画出通过模拟信号进行频率设定（电流输入）的外部操作接线图。

3. 画出外部点动运行的接线图。

4. 画出用第二加速时间控制的模拟信号进行频率设定（电压输入）的外部接线图。

六、操作题

1. 通过模拟信号进行频率设定（电压输入）的外部操作。

2. 通过模拟信号进行频率设定（电流输入）的外部操作。

3. 外部点动运行操作。

学习任务九

龙门刨床多段变频调速的运行与检修

学习目标：

1. 掌握龙门刨床刨台的工作特点。
2. 掌握多段频率、组合操作的方法。
3. 能独立完成多段频率控制、组合操作模式的接线。
4. 能够设置多段频率、组合操作的参数。
5. 能够对刨台调速系统进行正确调试。

情景描述

龙门刨床作为机械工业中的主要工作机床之一，在工业生产中占有重要的地位。其主运动为刨台的往复运动，在一个往复周期中对速度的控制有一定要求。我国早期生产的龙门刨床其主拖动方式以直流发电机—电动机组及晶闸管—电动机系统为主，以 A 系列龙门刨床为例，它采用电磁扩大机作为励磁调节器的直流发电机—电动机系统，通过调节直流电动机电压来调节输出速度，并采用两级齿轮变速箱变速的机电联合调节方法。该系统结构比较复杂，控制元件多且繁杂，元器件型号老化，使用中控制水平及控制精度都较落后，且控制系统经常出现问题，给维修带来相当大的困难，维修成本不断增大。现在多数厂家都采用变频调速对龙门刨床主运动系统进行改造，并使电动机的工作频率适当提高至额定频率以上。改造后能大大简化主拖动系统，减小维护工作量，提高运行可靠性。

学习活动1　明确工作任务

本任务以龙门刨床主运动系统往复运动的变频调速系统为例，学习掌握变频器多段频率控制端子、多段频率控制参数、多段频率控制运行操作及组合操作等内容。

学习活动 2　学习相关知识

一、多段频率控制端子

（一）引导问题

1. 通过观看视频，龙门刨床的刨削过程是怎样的？刨刀是否运动？

2. 龙门刨床主运动为刨台的往复运动，在一个往复周期中对速度的控制有什么要求？

3. 控制多段频率用到哪些端子？它们分别是什么？

4. 控制多段频率的端子，如何应用来进行多段控制？

（二）咨询资料

在很多时候，我们都要求一个电动机在不同情况下以不同的转速运行，从而控制生产机械，例如：龙门刨床和电梯等系统需要实现往复运动。

我们可以配合使用一组开关，通过参数设置来达到控制变频器不同频段的某一频率（或某一转速）。如图 9-1 所示，通过三个开关分别控制 RH、RM、RL 数字量输入端，从而实现多段频率控制（七段频率控制）。其中，由接线端子 RH、RM、RL 实现的七段速度控制曲线如图 9-2 所示。

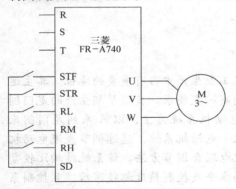

图 9-1　七段速度控制接线

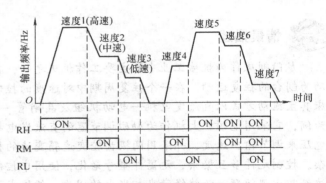

图 9-2　接线端子控制各段速度

（三）评价标准

评价内容	分值	评分		
		自我评价	小组评价	教师评价
能简述龙门刨台的控制要求	30			
能对多段控制进行正确接线	30			
安全意识	10			
团结协作	10			
自主学习能力	10			
语言表达能力	10			
合计				

二、多段频率控制参数

（一）引导问题

1. 控制多段频率用到哪些参数？
2. 控制多段频率的端子与参数有怎样的对应关系？
3. 多段频率控制时，超过七段速度，应增加哪个端子？
4. 实现多段频率控制有哪些注意事项？

（二）咨询资料

1. 七段频率控制参数

（1）多段速度 Pr. 4、Pr. 5、Pr. 6　用这 3 个参数进行多段运行速度预先设定，可通过输入端子进行切换。另外，Pr. 24、Pr. 25、Pr. 26 和 Pr. 27 也是多段速度的运行参数，与 Pr. 4、Pr. 5、Pr. 6 组成七段速度的运行。

（2）Pr. 24、Pr. 25、Pr. 26 和 Pr. 27　这四个参数的设定范围都为 0 ~ 400Hz 和 9999，出厂默认值都为 9999（表示当前设定失去作用，不调用此参数）。

Pr. 4、Pr. 5、Pr. 6、Pr. 24、Pr. 25、Pr. 26 和 Pr. 27 分别对应七段速度的第一段至第七段。各输入端子的状态与参数之间的对应关系，见表9-1。

表9-1　各输入端子的状态与参数之间的对应关系

输入端子状态	RH = 1	RM = 1	RL = 1	RM = 1 RL = 1	RH = 1 RL = 1	RH = 1 RM = 1	RH = 1 RM = 1 RL = 1
参数号	Pr. 4	Pr. 5	Pr. 6	Pr. 24	Pr. 25	Pr. 26	Pr. 27

注意：

1）多段速度在 PU 和外部模式下都可以设定。

2）运行期间参数值可以改变。

3）以上各参数之间的设定没有优先级。

2. 七段以上速度控制操作

在七段速度控制的基础上，用 Pr. 180 ~ Pr. 186 之间的任意一个参数安排端子用于 REX 信号的输入，借助于端子 REX 信号，又可实现八种速度，其接线如图9-3所示，对应的参数是 Pr. 232 ~ Pr. 239，其各输入端子的状态与参数之间的对应关系，见表9-2。

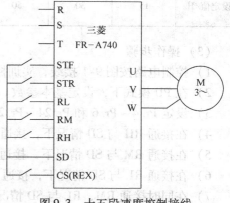

图9-3　十五段速度控制接线

表9-2　各输入端子的状态与参数之间的对应关系

输入端子状态	REX = 1	REX = 1 RL = 1	REX = 1 RM = 1	REX = 1 RM = 1 RL = 1	REX = 1 RH = 1	REX = 1 RH = 1 RL = 1	REX = 1 RH = 1 RM = 1	REX = 1 RH = 1 RM = 1 RL = 1
参数号	Pr. 232	Pr. 233	Pr. 234	Pr. 235	Pr. 236	Pr. 237	Pr. 238	Pr. 239

注意:

① Pr. 232 ~ Pr. 239 在外部和 PU 模式下均可设定。

② Pr. 232 ~ Pr. 239 的设定也没有优先级。

(三) 技能训练

1. 七段速度运行操作

(1) 基本运行参数的设定 (见表9-3)

表9-3　基本运行参数的设定

参数名称	参数号	设定值
上限频率	Pr. 1	50Hz
下限频率	Pr. 2	3Hz
加速时间	Pr. 7	4s
减速时间	Pr. 8	3s
加减速基准频率	Pr. 20	50Hz
运行模式	Pr. 79	2

(2) 七段速度运行参数的设定 (见表9-4)

表9-4　七段速度运行参数的设定

输入端子状态	RH = 1	RM = 1	RL = 1	RM = 1 RL = 1	RH = 1 RL = 1	RH = 1 RM = 1	RH = 1 RM = 1 RL = 1
参数号	Pr. 4	Pr. 5	Pr. 6	Pr. 24	Pr. 25	Pr. 26	Pr. 27
设定值/Hz	15	30	50	20	25	45	10

(3) 操作步骤

1) 控制电路按图9-1接线,实训控制板如图8-10所示。

2) 在 PU 模式下,设定基本参数。

3) 设定 Pr. 4 ~ Pr. 6 和 Pr. 24 ~ Pr. 27 参数 (在外部、PU 模式下均可设定)。

4) 在接通 RH 与 SD 情况下,接通 STF 与 SD,电动机正转在 15Hz。

5) 在接通 RM 与 SD 情况下,接通 STF 与 SD,电动机正转在 30Hz。

6) 在接通 RL 与 SD 情况下,接通 STF 与 SD,电动机正转在 50Hz。

7) 在同时接通 RM,RL 与 SD 情况下,接通 STF 与 SD,电动机正转在 20Hz。

8) 在同时接通 RH,RL 与 SD 情况下,接通 STR 与 SD,电动机反转在 25Hz。

9) 在同时接通 RH,RM 与 SD 情况下,接通 STR 与 SD,电动机反转在 45Hz。

10) 在同时接通 RH,RM,RL 与 SD 情况下,接通 STR 与 SD,电动机反转在 10Hz。

2. 十五段速度运行操作

在前面七段速度基础上,再设定八种速度,就变成 15 种速度运行。具体方法如下:

(1) 改变端子的功能　设定 Pr. 186 = 8,使 CS 端子的功能变为 REX 功能。

(2) 运行参数的设定 (见表9-5)

表9-5　运行参数的设定

参数号	Pr. 232	Pr. 233	Pr. 234	Pr. 235	Pr. 236	Pr. 237	Pr. 238	Pr. 239
设定值/Hz	40	48	38	28	18	46	36	26

（3）操作步骤

1）控制电路按图9-3接线，实训控制板如图8-10所示。

2）设定相应的参数，运行参数与接线端子的对应状态见表9-2。

3）在接通REX与SD情况下，接通STF与SD，电动机正转运行40Hz。

4）在同时接通REX，RL与SD情况下，接通STF与SD，电动机正转运行48Hz。

5）在同时接通REX，RM与SD情况下，接通STF与SD，电动机正转运行38Hz。

6）在同时接通REX，RM，RL与SD情况下，接通STF与SD，电动机正转运行28Hz。

7）在同时接通REX，RH与SD情况下，接通STR与SD，电动机反转运行18Hz。

8）在同时接通REX，RH，RL与SD情况下，接通STR与SD，电动机反转运行46Hz。

9）在同时接通REX，RH，RM与SD情况下，接通STR与SD，电动机反转运行36Hz。

10）在同时接通REX，RH，RM，RL与SD情况下，接通STR与SD，电动机反转运行26Hz。

（四）评价标准

评价内容	分值	评分		
		自我评价	小组评价	教师评价
能正确设定七段速度及基本参数	15			
能正确实现七段速度控制的调试	15			
能掌握实现七段速度控制的注意事项	15			
能正确实现十五段速度控制	15			
安全意识	10			
团结协作	10			
自主学习能力	10			
语言表达能力	10			
合计				

三、组合运行操作

（一）引导问题

1. 什么叫组合操作？组合操作有几种？分别是什么？

2. 要进行组合操作应设置哪个参数？设置值是多少？分别代表什么含义？

3. 针对不同的组合操作模式，接线分别是怎样的？

4. 针对不同的组合操作模式，如何调试？应注意什么？

（二）咨询资料

工厂车间内在各个工段之间运送钢材等重物时常使用的平板车，这种平板车就是正反转变频调速的应用实例，其运行速度曲线如图9-4所示。

图9-4中的A—C段是装载时的正转运行，C—E段是卸下重物后空载返回时的反转运行，前进、后退的加速时间由变频器的加、减速参数来决定。当前进到接近放下重物的位置B时，减速到10Hz运行，以减小停止时的惯性；同样，当后退到接近装载的位置D时，减速到10Hz运行，以减小停止时的惯性。现要求用外部开关控制电动机的起停，控制接线如图9-5所示，用面板（PU）调节电动机的运行频率。这种用参数单元控制电动机的运行频率，外部接线控制电动机起停的运行模式，是变频器组合运行模式的一种，是工业控制中常用的方法。

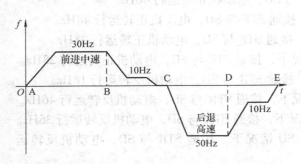

图9-4 平板车运行速度曲线

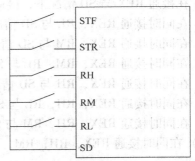

图9-5 组合操作控制接线

组合运行操作是应用参数单元和外部接线共同控制变频器运行的一种方法。一般来说有两种，一种是参数单元控制电动机的起停，外部接线控制电动机的运行频率；另一种是参数单元控制电动机的运行频率，外部接线控制电动机的起停。

当需用外部信号起动电动机，用PU调节频率时，将"操作模式选择"设定为3（Pr. 79 =3）；当需用PU起动电动机，用电位器或其他外部信号调节频率时，则将"操作模式选择"设定为4（Pr. 79 =4）。

注意：在Pr. 79 =3的情况下，实现多段速度时多段速度比主速度优先。

（三）评价标准

评价内容	分值	评分		
		自我评价	小组评价	教师评价
能掌握组合操作的类型	15			
能掌握组合操作的接线方式	15			
能正确设定组合操作的参数	15			
能对组合操作进行正确调试	15			
安全意识	10			
团结协作	10			
自主学习能力	10			
语言表达能力	10			
合计				

◆ **知识拓展**

一、龙门刨床的基本结构

龙门刨床如图9-6所示。

图9-6　龙门刨床

龙门刨床主要用来加工机床床身、箱体、横梁、立柱、导轨等大型机件的水平面、垂直面、倾斜面以及导轨面等，是重要的工作母机之一。它主要由七个部分组成，如图9-7所示。

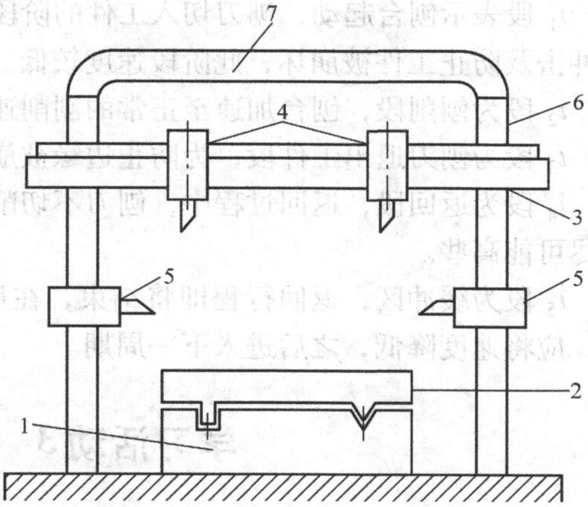

（1）床身　床身是一个箱形体，上有 V 形和 U 形导轨，用于安置工作台。

（2）刨台　刨台也称为工作台，用于安置工件。刨台下有传动机构，可顺着床身的导轨做往复运动。

（3）横梁　横梁用于安置垂直刀架。在切削过程中严禁动作，仅在更换工件时移动，用以调整刀架的高度。

（4）左右垂直刀架　安装在横梁上，可沿水平方向移动，刨刀也可沿刀架本身的导轨垂直移动。

（5）左右侧刀架　安装在立柱上，可上、下移动。

（6）立柱　立柱用于安置横梁及刀架。

（7）龙门顶　龙门顶用于紧固立柱。

图9-7　龙门刨床的组成

1—床身　2—刨台　3—横梁　4—左右垂直刀架
5—左右侧刀架　6—立柱　7—龙门顶

二、龙门刨床的刨台的往复运动

龙门刨床刨台的往复运动示意图如图9-8所示。龙门刨床的刨削过程是工件（安置在刨台上）与刨刀之间作相对运动的过程。因为刨刀是不动的，所以，龙门刨床的主运动就是刨台频繁的往复运动。

为满足龙门刨床的加工要求，要求工作台具有调整的正反向点动控制和正常工作时的自动往返控制，并能进行低速的磨削工作。控制电路除包括刨台的往返运动外，还有刨台运动与横梁、刀架之间的配合。为简化控制电路，减小维护工作量，可采用 PLC 作为控制元件与变频器结合实现刨床的自动化控制。

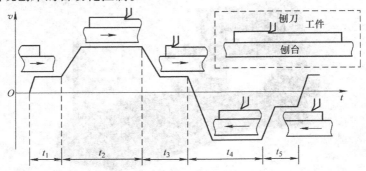

图 9-8　龙门刨床刨台的往复运动示意图

图中：

t_1 段表示刨台起动，刨刀切入工件的阶段，为了减小刨刀刚切入工件的瞬间，刀具所受的冲击及防止工件被崩坏，此阶段速度较低。

t_2 段为刨削段，刨台加速至正常的刨削速度。

t_3 段为刨刀退出工件段，为防止边缘被崩裂，同样要求速度较低。

t_4 段为返回段，返回过程中，刨刀不切削工件，为节省时间，提高加工效率，返回速度应尽可能高些。

t_5 段为缓冲区，返回行程即将结束，在反向到工作速度之前，为减小对传动机械的冲击，应将速度降低，之后进入下一周期。

学习活动 3　制订工作计划

一、画出三相异步电动机变频调速系统接线图

我们在学习活动 2 中，学习了变频调速系统的多段和组合操作，根据学过的内容，设计龙门刨床主运动系统往复运动的变频调速系统，并画出结构框图。

二、列出材料计划清单

根据你设计的电路，列出所需材料清单。

序号	名称	规格型号	技术参数	数量	备注

学习活动4　实 施 任 务

一、安全技术措施

1）安装前，必须做好各项准备工作，检查各工具、仪器是否完好。

2）所有人员必须听从指导教师和小组项目负责人的统一指挥，不得私自操作。

3）严格按技术规范进行安装。

4）通电前，安全负责人要认真检查线路，并在指导教师允许后，方可通电。

5）安装调试结束后，质量验收负责人要向指导教师汇报安装调试结果，并整理操作台。

二、工艺要求

1）不要将变频器安装在经常发生振动的地方，也不要装在电磁干扰源附近。

2）不要将变频器安装在有灰尘、腐蚀性气体等空气污染的环境里。

3）不要将变频器安装在潮湿环境中和潮湿管道下面。

4）使用负荷应该仅是三相笼型电动机，连接其他电气设备到变频器的输出侧可能会造成设备的损坏。

5）变频器与电动机要匹配，电压相符，功率相等或大一个级别。

6）接线时一定要注意线不能接错，特别是电源输入端与输出端不能接反，接反后的后果是很严重的，甚至会造成变频器和外部设备的损坏。

三、技术规范

1）端子SD、SE和5为I/O信号的公共端子，彼此应相互隔离，不要将这些公共端子互相连接或接地。

2）控制电路端子的接线应使用屏蔽线或双绞线，而且必须与主电路、强电回路（含200V继电器程序回路）分开布线。

3）由于控制电路的频率输入信号是微小电流，所以在接点输入的场合，为了防止接触不良，微小信号接点应使用两个并联的接点或使用双生接点。

4）控制电路建议用$0.75mm^2$的电缆接线。如果使用$1.25mm^2$或以上的电缆，在布线太多和布线不恰当时，前盖板将盖不上，导致操作面板或参数单元接触不良。

四、安全要求

1）当通电或正在运行时，不要打开前盖板，否则会发生触电事故。

2）在前盖板拆下时不要运行变频器，否则可能会接触到高电压端子和充电部分而造成触电事故。

3）即使电源处于断开状态时，除布线、定期检查外，都不要拆下前盖板。否则由于接触变频器充电回路可能造成触电事故。

4）布线或检查工作应在断开电源 10min，且用万用表等检测剩余电压消失以后进行。断电后一段时间内，电容上仍然有危险的高压电。

5）不要用湿手操作开关，以防止触电。

6）变频器发生故障时，应在变频器的电源侧断开电源。若持续地流过大电流，会导致火灾。

7）不要在直流端子 P、N 上直接连接电阻，这样会导致火灾。

8）各个端子上加的电压只能是使用手册上所规定的电压以防止爆裂、损坏等。

9）正在通电或断开电源不久，不要接触变频器因为变频器温度较高，会引起烫伤。

10）不要频繁使用变频器输入侧的电磁接触器起动或停止变频器。

五、任务实施

1. 用外部信号控制起停及用操作面板设定运行频率

具体操作步骤如下：

1）按技术规范进行变频器及外围设备安装。

2）主电路按图 7-17 所示接线。

3）控制电路按图 9-5 所示接线，实训控制板如图 8-10 所示。

4）对各部分电路进行接线检查，老师检查无误后通电。

5）在 PU 模式下设定表 9-6 中的参数。

表 9-6　基本运行参数的设定

参数名称	参数号	设定值
上限频率	Pr. 1	50Hz
下限频率	Pr. 2	0 Hz
加速时间	Pr. 7	3s
减速时间	Pr. 8	5s
加减速基准频率	Pr. 20	50Hz
高速频率	Pr. 4	50Hz
低速频率	Pr. 6	30Hz
运行模式	Pr. 79	3

6）设 Pr. 79 = 3，"EXT" 和 "PU" 灯同时亮。

7）在接通 RH 与 SD 前提下，STF 与 SD 导通，电动机正转运行在 50Hz；STR 与 SD 导通，电动机反转运行在 50Hz。

8）在接通 RL 与 SD 前提下，STF 与 SD 导通，电动机正转运行在 30Hz；STR 与 SD 导通，电动机反转运行在 30Hz。

9）在 "频率设定" 画面下，设定频率 $f = 40$Hz，仅接通 SD 与 STF（或 STR），电动机运行在 40Hz。

10）在两种速度下，每次断开 SD 与 STF 或 SD 与 STR，电动机均停止。

11）改变 Pr. 4 和 Pr. 6 的参数值反复练习。

12）对调试过程中出现的故障进行排除，并做好记录。

13）任务实施完毕后断电，清理现场。

故障检查修复记录

检修步骤	过程记录
观察到的故障现象	
分析故障现象原因	
确定故障范围，找到故障点	
排除故障	

2. 用外接电位器设定频率及用操作面板控制电动机起停

具体操作步骤如下：

1）按技术规范进行变频器及外围设备安装。

2）主电路按图 7-17 所示接线。

3）控制电路按图 9-9 所示接线，实物接线图与外部连续运行相类似，差别就在于不需要接起动信号。

4）老师检查无误后通电。

5）在 PU 模式下设定表 9-7 中的参数。

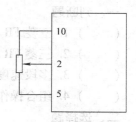

图 9-9　外部控制频率的组合操作接线

表 9-7　基本运行参数的设定

参数名称	参数号	设定值
上限频率	Pr. 1	50Hz
下限频率	Pr. 2	2Hz
加速时间	Pr. 7	5s
减速时间	Pr. 8	3s
加减速基准频率	Pr. 20	50Hz
运行模式	Pr. 79	4

6）设 Pr. 79 = 4，"EXT" 和 "PU" 灯同时亮。

7）按下操作面板上的【FWD】键，转动电位器，电动机正向加速或减速。

8）按下操作面板上的【REV】键，转动电位器，电动机反向加速或减速。

9）按下【STOP】键，电动机停止运行。

10）对调试过程中出现的故障进行排除，并做好记录。

11）任务实施完毕后断电，清理现场。

六、评价标准

评价内容	分值	评分		
		自我评价	小组评价	教师评价
能正确设置多段频率、组合操作的参数	20			
能独立完成多段频率控制、组合操作模式的接线	20			
能进行多段频率控制	30			
出现故障正常排除	10			
遵守安全文明生产规程	10			
施工完成后认真清理现场	10			
合计				

学习活动5 总结与评价

参照表1-5进行综合评价。

习题

一、判断题

(   ) 1. 三菱 FR–A740 变频器多段速度设定中，只可设置七段速度。

(   ) 2. 三菱 FR–A740 变频器多段速速度设定的参数只能在 PU 模式下设定。

(   ) 3. 多段速度比主速度优先。

(   ) 4. 组合操作时，用 STOP 键可以实现正常停止电动机运行。

二、选择题

1. 三菱 FR–A740 变频器实现多段控制时，要输出多段速度中第六段速度 RH、RM、RL 所接开关的状态应为 (   )。

A. 0.0.0　　　　B. 0.1.0　　　　C. 1.1.0　　　　D. 0.1.1

2. 在 PU 和外部操作模式下都可以修改的参数是 (   )。

A. Pr. 6　　　　B. Pr. 7　　　　C. Pr. 8　　　　D. Pr. 9

3. 三菱 FR–A740 变频器组合操作时，操作模式选择参数 Pr. 79 应设置为 (   )。

A. 0　　　　B. 1　　　　C. 2　　　　D. 3

4. 三菱 FR–A740 变频器用 PU 控制频率的组合操作时，Pr. 79 应设置为 (   )。

A. 1　　　　B. 2　　　　C. 3　　　　D. 4

5. 三菱 FR–A740 变频器用外部控制频率的组合操作时，Pr. 79 应设置为 (   )。

A. 1　　　　B. 2　　　　C. 3　　　　D. 4

三、简答题

1. 龙门刨床由哪几部分组成？

2. 龙门刨床刨台的工作特点是怎样的？

3. 三菱 FR–A740 变频器多段频率控制操作中，常用的 7 种速度分别由哪个参数来设定？

4. 三菱 FR–A740 变频器多段频率控制操作中，常用的 7 种速度分别对应的输入端子状态是什么？

5. 三菱 FR–A740 变频器的组合操作模式有几种？分别是什么？

四、画图题

1. 画出七段速频率控制的外部接线图。

2. 画出十五段速频率控制的外部接线图。

3. 画出三菱 FR–A740 变频器用 PU 控制频率的组合操作时，实现多段频率控制的接线图。

4. 画出三菱 FR–A740 变频器用外部控制频率的组合操作时，实现多段频率控制的接线图。

五、操作题

1. 实现七段速度控制。

2. 三菱 FR – A740 变频器用 PU 控制频率的组合操作时，实现多段频率控制。

3. 三菱 FR – A740 变频器用外部控制频率的组合操作时，实现多段频率控制。